Human Life and Water

인류의 생활과 물

노섭 저

도서출판
구미서관

머리말

인류는 물 없이 살 수 없으며, 이는 모든 생명체에 해당하는 반드시 필요한 것이다. 현재 물에 대한 다양한 책자가 발간되었으나, 토목을 전공으로 선택한 학생이나 일반인에게 물에 관한 지식과 교양을 알리고, 친수를 증진시켜 물을 지혜롭게 이용하는데 도움을 주기위해 본 책자를 발간하게 되었다. 우리나라는 고도의 산업화와 도시화 및 최근의 집중호우와 같은 이상기후에 따라 자연재해로 인한 피해유형이 다양화되고 있으며, 그 피해 규모도 천문학적으로 증가되고 있는 실정이다. 이와 같은 배경으로 다음의 내용으로 구성하였다.

1장에는 물의 순환과정과 이를 분석하는 내용을 정리하였다. 2장에는 지구상의 물을 지구상의 수자원, 우리나라의 수자원, 물 부족국가 및 대체수자원으로 구성하였다. 3장은 물의 이용 즉 이수에 대한 내용으로 생활용수, 공업용수, 농업용수, 발전용수, 하천유지용수주로 구성하였다. 4장에는 물의 다스림 즉 치수에 관하여 우리나라의 치수현황, 댐을 이용한 치수 및 우수억제시설로 내용을 구성하였다. 5장에는 물 환경에 대하여 수질오염 및 하천환경으로 내용을 구성하였으며, 6장에는 중소하천에 주로 설치되는 수공구조물의 설치목적 등에 관하여 정리하였다. 7장에는 상수도, 8장에는 하수도에 관하여 기본적인 내용으로 구성하였다. 마지막으로 9장에는 물로 인한 재해에 대하여 집중호우, 홍수, 태풍 및 이러한 자연재해를 극복하기 위한 시설에 대하여 정리하였다.

이와 같이 본 책의 목적은 인류가 생명을 유지하고 생활하는데 필수적인 물에 관하여 우리 생활과 밀접한 내용을 위주로 전공자 및 비전공자가 물에 관한 정보를 습득하는데 가능한 편리하도록 하는데 있으므로 편한 마음으로 접근하기를 당부한다. 이와 같이 물에 대한 정보를 정확한 이해와 용이한 접근성을 통하여 향후 수리학, 수문학 및 상하수도공학을 공부하는 전공학도들과 물과 관련된 업무에 종사하는 실무기술자에게 도움이 되도록 기여하고자 한다.

차 례

표/그림차례

■ 표

■ 그림

제1장 물의 순환

제1장 물의 순환

1.1 물의 순환과정

지구가 만들어지는 과정에서 물은 최초로 생긴 물질 중 하나이다. 지구상에 물이 어떠한 방식으로 생겼냐는 물음에는 여러 가지 가설이 존재하지만 현재로는 태양계에서 지구가 형성되는 과정에 얼음 등 수분이 포함된 수많은 운석 등으로부터 유입되었다는 것이 일반적으로 추정되고 있다.

지구상에서 물은 순환을 하게 된다. 즉, 물의 순환(hydrologic cycle or water cycle)은 수분이 해양에서 대기, 육지, 다시 바다로 이동하는 끊임없는 순환과정을 말하는데, 대기권 내의 수분은 기상으로 존재하다가 강수 형태로 지표에 떨어져서 하천, 호소를 이루어 바다로 유출되는 것도 있고, 계속 지하로 침투되어 지하수가 되기도 한다. 또한 이와 같은 지표수나 지하수의 일부는 증발이나 증산에 의하여 또다시 원래의 대기권으로 돌아가게 되는데 이와 같은 물의 이동현상을 물의 순환이라 한다. 이러한 물의 순환과정을 모식적으로 그린 것이 그림 1.1과 같고, 각 과정은 다음과 같다.

■ 물의 순환과정

- 증발 (evaporation, 蒸發)
- 증산 (transpiration, 蒸散)
- 강수 (precipitation, 降水)
- 차단 (interception, 遮斷)
- 침투 (infiltration, 浸透)
- 침루 (percolation, 浸漏)
- 저류 (storage, 貯溜)
- 유출 (runoff, 流出)

이 과정을 물수지 방정식으로 나타내면 다음과 같다.

$$강수량(P) \Leftrightarrow 유출량(R) + 증발산량(E) + 침투량(C) + 저류량(S)$$

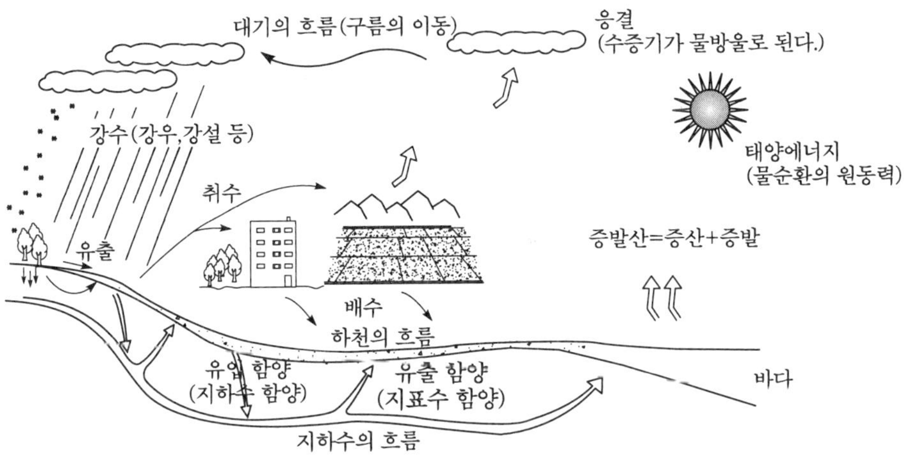

그림 1.1 물의 순환

물의 순환과정은 각각의 성분과정으로 물의 이동이 일정한 비율로 연속되는 것은 결코 아니다. 즉, 물의 순환과정을 통한 이동은 일반적으로 시간적 및 공간적인 변동성을 가지며, 때로는 강수가 매우 크게 발생하여 하천의 통수능력을 초과함으로써 홍수를 발생시키기도 하며 반대로 장기간동안 강수가 전혀 없어서 하천유출이 중단되는 가뭄을 겪게 되기도 한다. 또한 인접한 지역임에도 물의 순환 상황이 크게 다른 경우도 대단히 많다. 물의 순환과정이 이와 같은 시간적 및 공간적인 변동성을 극복하기 위한 인위적인 수단으로 각종 수공구조물이 건설된다.

1.2 물의 순환과정분석

고대의 철학자들은 바다에서 대기로, 대기에서 육지로, 다시 바다로 운반되는 끊임없는 물 순환의 여러 단계에 있어서 물의 기원과 발생에 관련된 모든 현상과 지표면유출의 생성에 대한 진행과정에 관심을 두고 추정을 하였다. 이러한 추정은 대부분이 잘못된 것으로 밝혀졌는데, 예를 들면 Homer는 깊은 우물, 샘, 바다 및 하천 등에 물을 공급하는 거대한 저수지가 땅속에 존재한다고 믿었다. 그러나 Marcus Vitruvius는 현대 물 순환 개념의 효시로 볼 수 있는 이론을 수립하였는데, 산지의 강우나 강설은 지구표면에 침투한 후에 저지대에서 샘이나 하천수로 나타난다는 가설을 제안하였으며 오늘날의 지하수 이론과 유사함을 보여주었다. 표 1.1과 표 1.2는 국외 및 국내의 수공기술 및 수문학의 역사를 연대별로 기술하였다.

20세기 초반까지 주로 물의 순환을 구성하는 각 과정의 이론적 정립과모형화에 치중하여 연구가 이루어져 왔으나, 1950년 이후 현재까지는 각 과정간의 관계를 종합하여 물의 순환과정을 일체로서 모형화하는 이른바 확정론적 수문모형화 기법(determinstic hydrologic modeling)과 설계 수문량의 확률론적 및 추계학적 결정을 시도하는 연구가 활발하게 이루어졌다. 즉 1950년 이후 수문학 문제의 이론적인 연구방법은 과거의 철학적인 방법에서 벗어나 새로운 방법이 모색되었는데, 과학적 지식의 진보는 물리수문학의 기초를 더 잘 이해할 수 있도록 했고, 고속전자계산기의 출현과 계속적인 발전은 과거의 광범위하고 방대한 수학적 계산에서 시간과 노력을 절약하게 됨으로써 실제적인 면에서나 경제적인 면에서 해석을 가능케 했다. 인력, 모델, 방법 및 기계들의 이용에 있어서 더욱 이상적인 방법의 실현이 가까운 장래에 가능하게 될 것이다.

표 1.1 국외의 수공기술 및 수문학 발달

시대	연대 및 인물명	수공기술	수문학
서기 이전 고대	Homer(B.C. 1000) Thales(B.C. 650) Plato(B.C. 427~347) Aristotle(B.C. 384~322)		• 물 순환의 개념이 나타남. (Iliad book) • 샘·하천수의 기원을 바다로 봄 • 모든 물은 Tartarus라는 끝없는 구멍과 계속 순환된다고 봄. • 지하 응결이론 발전
고대 그리스			• 바닷물과 지하 대기가 지하 터널을 통해 샘·하천이 된다고 생각

시대	연대(서기)	수공	수문기술
로마 중세	Lucretus(B.C. 95~52)	• 강우측정기구 개발	• sea-water에 대한 개념
	Pliny(A.D. 23~79)		• Aristotle의 응결이론 발전
	Seneca St. Jerome(A.D.340~420)	• 부표법을 사용한 유속측정 기구 발명	• 우물을 바다의 근원으로 봄
	Marcuse Vitruvius		• 지하수는 비와 눈이 땅속으로 침투해서 생긴다는 것을 발견
	Reonardo da Vinci(1452~1519)	• 기압계 발명 • 현대 수리학의 기초	• 자연현상을 관측, 수문순환에 과해 정확히 인식
	Bernard Palissy(1509~1589)	• siphon이론 제안	• 자연을 관측하고 이를 바탕으로 이론을 정립
	Pierre Perrault(1608-1680)	• 수리학 이론의 수학분야에 기여	• Seine강 강우유역 측정, 유역의 강우량 계산
	Edmc Mariotte(1620-1684)		• Seine강의 유출량 계산
	Edmund Halley(1656-1742)		• 증발을 관측, 지중해의 증발량 계산
	Giovanni Cassini(1625-1712)		• artesian pressure 이론의 선구
	Bernadini Ramazzini		
	Antonio Vallisnieri		
	Torricelli		
	Bernoulli		• 파력을 이용하는 기구 발명
	Bernard Forest		
	Belidor(1697-1761)		
	J.T.Desaguliers(1683-1744)		
	James Jurin(1684-1750)		
	Jean D'Alembert(1717-1776)		
	Antoine de Chezy(1775)		• 하천의 유속이 수면경사에 따라 다양하게 변한다고 발표 Chezy 공식으로 알려진, 하천의 수면경사와 유속사이의 관계식을 발표
	Dubat(1779)		• 물입자의 관성력은 전적으로 수면의 경사에 의하며, 저항력은 물과 하상의 마찰력에 의해 생긴다는 이론을 정립
	La Metherie(1791)		• Mariotte의 연구결과를 보완 확장시킴 ; LaMetherie는 여러 가지 종류의 암석에 대한 침투율을 조사함.
	Giovanni Venturi(1798)		• 벤튜리 미터를 개발하는 데 토대가 되 는 fluid vein의 수축에 관한 실험을 함.
	Herschel(1886)		• 벤튜리 미터 개발

시대	연대(서기)	수공	수문기술
19C초	William Smith Escher de la Linth(1809~1821) Defontaine(1820~1833) Venturoli(1825~1836) Baumgarten(1837~1846) Baron Cornelius Krayenhoff(1813) Dalton(1802) Dewitt Clinton(1817~1820)		• 지질학을 수문학에 적용시킴. • 라인강 상류의 연간유량을 계산함. • 라인강과 그 지류에 대한 일련의 측정을 실시함. • Tiber강의 일 유량을 측정함. • Garonne 강에 대한 일련의 관찰과 측정을 실시함. • 네덜란드의 지형과 수로지형에 대한 광범위한 측정자료를 출판함. • 여러 종류의 흙에 대한 물의 침투량을 구하기 위해 lysimeter를 사용해 실험한 결과를 출판함. • 호수, 수로, 강에 대한 수문학적인 연구를 광범위하게 실시
19C 중반	Nathaniel Beardmore(1850) John Fletcher Miller(1849) Lorin Blodger(1857) J.B.Francis(1855) Robert Manning(1890)		• "Manual of Hydrology"를 출판함. • 고도와 유출과의 관계, 우량계의 고도에 따른 영향 등에 관한 논문을 발표 • "미국의 기후학"을 출판 • 웨어를 월류하는 유량에 대한 다량의 실험결과를 출판 • Chezy의 공식을 얻기 위한 다른 공식을 제안
19C말	Adolph Thiem(1870) 1870 Powell(1870) 1870~1900		• 지하수 흐름을 현장에서 측정하는 방법에 대한 논문을 발표, 지하수 수문학에 기여 • 영국 ; William Whittaker Horace B. Woodward • 네덜란드 ; W.Badon Ghyben (염수균형의 법칙발견) Eugene Dubois J.Pennink J.Versluys • 벨기에 ; Rene D Andrimont (담수와 염수의 관계 연구) • 스웨덴 ; Albert Heim과 Arnold Engler(물공급의 예보관계 연구) • 이태리 ; D.Spataro, G.Cuppari, M.Canavari • 스웨덴 ; G.Garcia • National Weather Service설립 • 수자원 자료와 물공급 지식의 중요성 인식 • 지하수 공급에 대한 연구 활발

시대	연대(서기)	수공	수문기술
	T.G.Ellis(1871~1874)		• Ellis흐름계 발명,rating table작성
			• artesian조건에 대한연구
	Thomas C.Chamberin		• 흐름측정계획 착수
	(1873~1879)		(캘리포니아,12점 측정)
	1878~1884		• 미국지질학조사부 창설
	1879		유량측정(콜로라도)
			• Rio Grande 강에 유량관측소 설치
	1881~1888		(전국적 계획의 시초)
	Powell(1890)		• artesian조건과 건조지역의 전망에 대해 관심을 가짐
	1890~1900		• 지하수에 관한 연구논문 발표 (Robert T.Hill, Israel C. Russel, Nelson H. Darton, Frank Leverett, William H. Norton)
	1891		• The U.S. Weather Bureau 설립
	19C말		• 지하수의 수리학적 위상 연구 (Allen Hazzen, Franklin H. King, Charles S. Slichter)
	20C초		• 지하수의 활발한 연구 (Walter C. Mendenhall, Arthor C. Veatch)
현대	1919		• International Union of Geodesy and Geophysics 설립(브리셀) (Sectidn of Scientific Hydrology설립;1922, Section of Hydrology설립;1930)
	1924		• 최초로 All-Russian Hydrologic Conference 개최(레닌그라드)
	1926		• 최초로 Baltic Hydrologic Conference 개최 (Riga)
	1933		• Mississippi Valley Committee설립

표 1.2 한국수공 및 수문기술 발달연대표

시대	연대(서기)	수공	수문기술
삼국 시대	다루왕(백) 6년 (33) 다루왕(백) 40년(67.6) 다루왕(백) 40년(67.7) 걸해왕(신) 21년(330) 법흥왕(신) 23년(530) ~진평왕 18년(596)	경작의 시작 수해전 보수 저수지 축조 빙천의 정제 축조	 큰 비, 한강범람
고려 시대	광종 24년(978) 문종 7년(1053) 목종 원년(1106)	진전개간 홍수진 보수 송악에 식수	 수일간 비가 옴
이조 시대	태종 4년(1395) 태종 14년(1414) 태종 15년(1415) 세종 2년(1420) 세종 23년(1441) 세종 24년(1442) 중종 31년(1536) 선조 35년(1602) 인조 21년(1643)	수문설치 치수 설비의 조사 벽골제 보수 경기도 광주의 대항에 사방공사 선천에 수도 개착	 대홍수 강우 측정기계 필요성 인식(측우기 원형 사용) 측우기 사용 하천 유사량 측정
	현종 3년(1662) 영조 정조 15년(1791) 정조 22년(1798) 정조 24년(1800) 철종 5년(1854)	제방 축조 공법 기록으로 나타남 siphon식 도수관 공법 혜정제 완성	측우기 전국 설치 1일 측정횟수를 3회로 늘림(이전 1일 2회) 강우, 침투, 유출에 관한 개념 발생 관상강에서 월계도 보고
일제 시대	1915~1928	하천 개수 실시	제1기 하천조사 (기상조사, 하천상황조사, 양수표, 우량계 설치, 위치조사) 한강홍수량관측(1923, 1925) 제 2기 하천 조사

되짚어보기

1. 물의 순환과정을 간단하게 설명하기(그림을 활용)
2. 물의 순환과정을 구성하는 8가지
3. 물수지방정식

제2장

지구상의 물

제2장 | 지구상의 물

2.1 지구상의 수자원

지구표면은 해면이 지면보다 훨씬 넓게 분포되고 있으며 수자원의 부존량도 해수가 약 97.5 %이며 담수는 약 2.5 %에 불과하다 수자원 가운데 우리들이 주로 이용하는 담수자원은 하천수나 호수를 생각할 수 있으며, 전 수자원에 비하면 대단히 미소한 양이나 이수의 측면에서 볼 때 대단히 중요한 수자원이다. 지구상의 수자원 부존량을 요약하면 표 2.1과 같다. 결국 지구상 수자원의 총수량은 해수, 빙하, 지하수, 하천수의 크기순서가 된다.

표 2.1 지구 전체의 수자원 부존량

물의 부존 상태		면 적 (km^2)	부 피 (km^3)	비 율	
				수자원 부존량(%)	담 수 부존량(%)
바다		361.3×10^6	$1,338\times10^6$	96.5	-
지 하 수	총량	134.8×10^6	23.4×10^6	1.7	-
	담수	134.8×10^6	10.5×10^6	0.76	30.1
토 양 수 분		82.0×10^6	16.5×10^6	0.001	0.05
빙 하		16.2×10^6	24.1×10^6	1.74	68.7
만 년 설		21.0×10^6	0.3×10^6	0.022	0.86
호 수	담수	1.24×10^6	91×10^3	0.007	0.26
	염수	0.82×10^6	85.4×10^3	0.006	-
늪		2.68×10^6	11.5×10^3	0.0008	0.03
하 천		148.8×10^6	2.12×10^3	0.0002	0.006
대기중의 수분		510.0×10^6	14.0×10^3	0.0011	0.043
총계	총량	510.0×10^6	$1,386\times10^6$	100.0	-
	담수	148.8×10^6	35.03×10^6	2.53	100.0

2.2 우리나라의 수자원

우리나라는 대륙으로부터 돌출된 반도로 형성되어 있어 기상의 성격이 반대륙성 및 반해양성으로 계절풍과 태풍의 영향을 많이 받는 지대에 속하고 있어 계절적으로 강우차이가 극심한 것이 특징이다.

연평균 강우량은 1,274mm로서 세계평균의 970mm에 비하여 1.3배로 비교적 많은 편이나 용수면에서 보면 인구밀도가 조밀한 관계로 인구 1인당 연간 총우량은 약 3,000m^{3}로서 세계평균 약 34,000m^{3}의 1/11밖에 되지 않으므로 매우 적은 편에 속한다.

우리나라는 국토의 대부분이 산지이며 평야부는 적고 하천의 유속은 빠르고 격한 편이다. 연평균 강우량의 2/3가 우기인 6, 7, 8, 9월에 편중하여 집중 강하하는 기상특성으로 수해와 가뭄 등 재해를 당하기 쉬우며, 강우량은 대부분 홍수로 유출되어 평상시 유출의 총 수자원 양의 23%밖에 되지 않으므로 하천수 이용율이 매우 낮은 불리한 자연적 여건을 가지고 있다.

또한 지하수의 부존량은 1조 3,240억m^{3}로 추산되고 있으나 지하수가 부존하고 있는 대수층이 얇고 사전 조사 및 개발에 있어서 기술적 경제적 타당성이 희박한 편에 속한다. 또한 유역별 수자원 부존량과 용수수요가 균형을 이루지 못하고 있기 때문에 광역 용수 개발이 불가피하며, 관정 등 소규모 이외의 지하수 개발은 기대하기 어려운 실정이다.

이와 같은 여건 하에 있는 우리나라의 월별 평균 강수량은 그림 2.1과 같다.

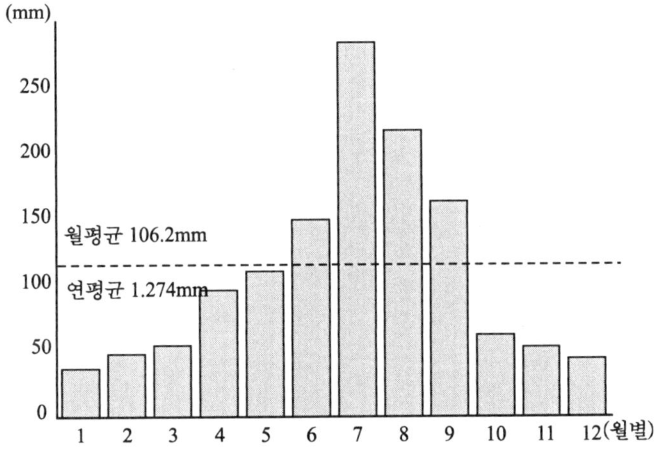

그림 2.1 우리나라의 월별 평균 강수량(수자원공사)

한편, 우리나라 전역에 내리는 연간 강수량은 약 1,274mm로서 이는 약 1,267억m^{3}에 달하는 수량이며 우리나라의 연평균 수자원 부존량이라 할 수 있다. 이를 주요하천 유역별로 나누어 보면 한강이 335억m^3, 낙동강이 285억m^3, 금강(만경강 포함)이 147m^3, 섬진강이 71억m^3, 영산강이 45억m^3, 안성천이 22억m^3, 삽교천이 20억m^3, 그리고 기타 유역이 342억m^{3}로 구분된다. 이 수자원 중 바다로 유입되기 이전에 연평균 570억m^{3}가 증발, 침투, 지하수 등으로 손실되고 하천을 통하여 유출되는 양은 약 55%인 697억m^{3}인 것으로 추정하고 있다. 표 1.4는 우리나라 주요하천 유역별 수자원 부존량과 손실량 및 유출량, 그리고 유출률 등을 표시하고 있다.

또한 우리나라의 수자원 부존량과 이용현황을 구성한 것이 그림 2.2와 같고, 이를 기초로 수자원의 장기수급계획을 사전에 세워 물의 수요를 충족시킬 수 있도록 공급원을 개발해 나가고 관리를 철저히 해야 물 부족 문제를 해결할 수 있다.

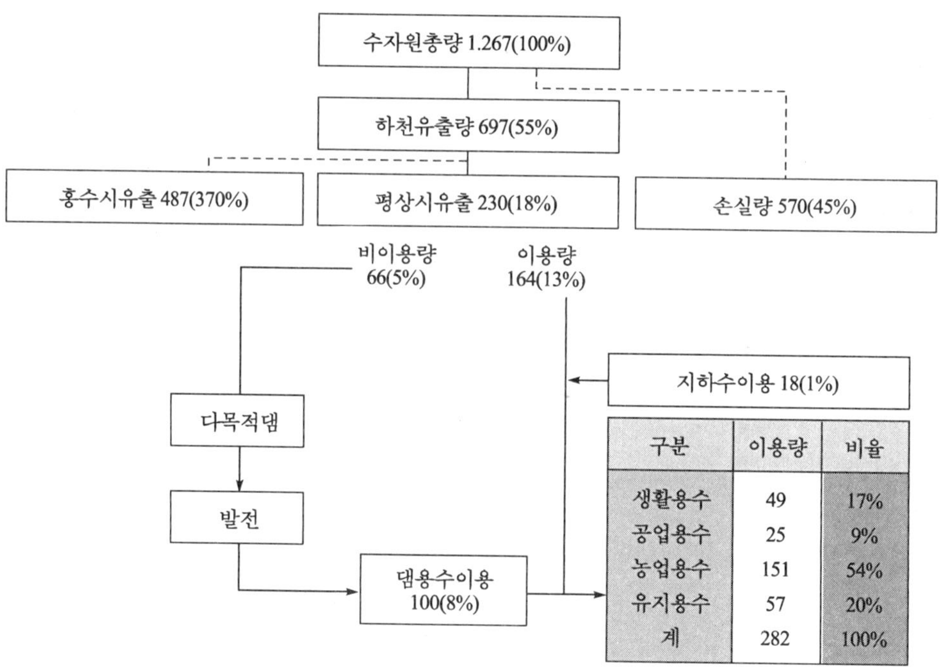

그림 2.2 우리나라의 수자원 부존량과 이용현황

표 2.2 우리나라 유역별 수자원 부존량(수자원공사 : 1998 년)

구분	단위	전국	한강	낙동강	금강	영산강	섬진강	안성천	삽교천	만경강	동진강	형산강	기타
면적	km^2	99,475	26,219	23,817	9,805	3,371	4,943	1,7202	1,612	1,571	1,000	1,167	24,248
연평균 강수량	mm	1,274	1,287	1,167	1,268	1,320	1,416	1,278	1,255	1,278	1,314	1,087	1,370
물자원 부존량	백만m^3	126,700	33,740	27,790	12,430	4,450	7,000	2,200	2,020	2,010	1,310	1,270	31,780
손실량	백만m^3	57,000	14,360	13,840	6,230	1,860	3,170	950	900	920	610	620	18,430
유출량	백만m^3	69,700	19,380	13,950	6,200	2,590	3,830	1,250	1,120	1,090	700	650	13,350
유출률	%	55	57	49	49	57	54	57	55	54	53	51	58
홍수기 유출량	백만m^3 (%)	46,700 (67)	13,090 (68)	9,570 (69)	4,120 (66)	1,650 (64)	2,550 (67)	900 (72)	800 (72)	750 (69)	480 (69)	420 (65)	7,740 (58)
비 홍수기 유출량	백만m^3 (%)	23,000 (33)	6,290 (32)	4,380 (31)	2,080 (34)	940 (36)	1,280 (33)	350 (28)	320 (29)	340 (31)	220 (31)	230 (35)	5,610 (42)

우리나라 수자원의 특성을 정리하면 다음과 같다.

(1) 시간적 변화 특성

강수량은 1년 중의 특정 시기 또는 계절에 따라 강수량의 크기가 다르며 어느 시기에 내리는 가는 식생과 인간생활에 큰 영향을 주는 중요한 요소이다. 강수량은 매년 변화가 크며 이와 같은 변화에 대한 평균값의 편차나 변동률은 여러 방법으로 표현된다.

우리나라의 연간 강수량은 심한 계절성을 보여 연평균 강수량이 1,274mm이며 이중 2/3 정도가 6~9월에 편중된다. 한편 연평균강수량의 경년적 변동 폭은 약 600~2000mm로 변동 폭이 매우 크다.

(2) 공간적 및 지형적 특성

우리나라의 연평균강수량은 1,274mm인데 제주도는 2,000mm 이상, 산악지역은 1,700~1,800mm 등 공간적인 변화폭이 크다. 일반적으로 강수량을 적도부근에서 가장 크고 위도가 높아지면서 감소하지만 그림 3.30과 같이 우리나라의 연평균강수량 분포도에서 보는 바와 같이 등우선이 불규칙적인 모습을 나타낸다. 이로부터 강수량의 지리적 또는 공간적 분포는 적도로부터의 지리뿐만 아니라 해안지역, 산악지역 등에도 상당한 영향을 받음을 알 수 있다. 그림 2.3에서와 같이 우리나라의 연평균강수량은 제주도 및 남부의 중앙부근 지역에 가장 많고 중동부지역이 가장 적다.

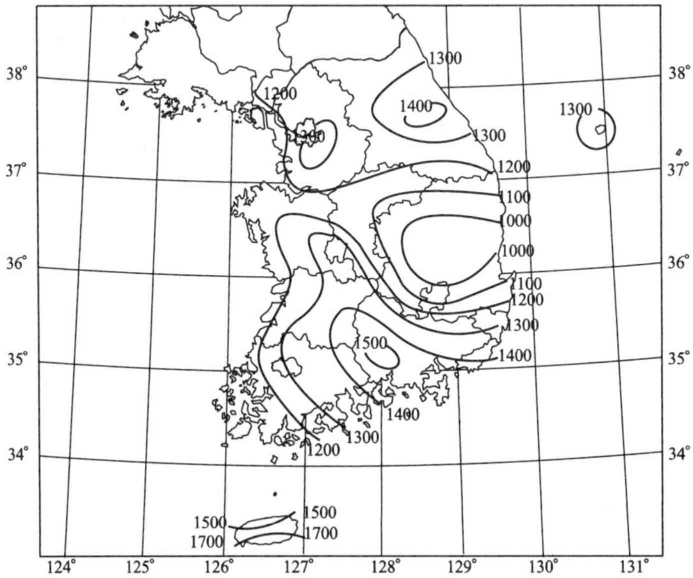

그림 2.3 우리나라의 연평균 강수량분포도(단위 mm, 기상청, 1982)

한편, 우리나라의 지형 및 하천의 특성으로 국토의 횡단면이 동고서저 즉 동쪽은 높은 산악지형이고 서쪽은 낮은 평야지대를 나타낸다. 하천은 유로연장 즉 길이가 짧고 하천경사가 급한 곳이 많으며 하상계수가 크다. 여기서 하상계수란 하천에서 최대유량 / 최소유량의 비를 말하는데 하상계수 및 강수량의 변동 폭(시간 및 공간)이 클수록 하천 및 수자원의 유지관리가 매우 불리해진다.

표 2.3 국내외 주요하천의 하상계수(유량변동)

하 천 명(국내)	하 상 계 수	하 천 명(국외)	하 상 계 수
한강	393(170～580)	양 자 강	22
낙 동 강	372(180～360)	메 콩 강	35
금강	299(300～540)	갠지즈강	35
섬 진 강	734(330～570)	나 일 강	30
영 산 강	682(170～330)	세 느 강	34
대 동 강	404	라 인 강	18
재 령 강	715	템 스 강	8
임 진 강	785	요 도 강	114
예 성 강	1,320	미시시피	3

※ ( )안의 수치는 댐으로 홍수를 조절하기 전후의 값으로 조절전의 하상계수가 큰 값을 나타냄.

자료 : 건설교통부, 2005.

2.3 물 부족국가

세계의 연평균강수량은 973mm인데, 우리나라는 세계평균의 약 1.3배인 1,274mm이다. 그러나 연평균강수량이 크더라도 우리나라는 물 부족국가로 분류되는데 미국의 국제인구활동(Population Action International, PAI)의 연구조사결과로부터 물 기근국가, 물 부족국가, 물 풍요국가로 분류된다.

PAI의 연구조사에 따르면 한 사람당 1년에 필요한 물의 양은 최소 1,700m^3(물 1m^3 = 1,000ℓ, 일반적인 가정의 욕조에 담기는 물은 약 500ℓ)로 여기에는 사람들이마시거나 요리를 하고 목욕과 세탁 등 단순한 일상생활을 포함하고, 식량생산을 위한 농사, 각종 공장 운영, 도시의 청소를 위한 물 등을 모두 고려한 물의 양이다. 이러한 물의 양이 1,000m^{3}이하(물 기근국가)가 되면 문화적 생활, 즉 매일 아침저녁으로 세수, 샤워를 포함하여 마음 놓고 물을 마시기도 힘들어진다. 또한, 농사와 가축의 사육 등 식량생산도 어려워져 경제발전이 불가능하게 된다고 하는데, 주로 중동아시아 및 아프리카 지역이 이에 해당한다. 물의 양이 1,000m^3~1,700m^{3}일 경우 물 부족국가로 분류되는데, 이집트 등 일부 중동아시아와 아프리카 국가들이 포함되며, 우리나라도 여기에 포함된다. 1인당 물의 양에 따른 국가별 분류가 표 1.6에 정리되었다.

표 2.4 물 기근 및 부족 국가

물 기근 국가군	물 부족 국가군	물을 타국에 의존하는 국가	물 풍요 국가군
지부티, 쿠웨이트, 몰타, 카타르 바레인, 바베이도스, 싱가포르 사우디아라비아, 아랍에미리트연방 요르단, 예멘, 이스라엘, 튀니지 카포베르데, 케냐, 부룬디, 알제리 르완다, 말라위, 소말리아	리비아, 모로코 이집트, 오만 키프로스 남아프리카 한국, 핀란드	네덜란드 이집트 시리아 수단 캄보디아 이라크	벨기에 일본 미국 영국 등 외 120개국

자료 : PAI, 2000.

2.4 대체 수자원

물 부족에 대한 우리나라의 중장기적인 대책으로는 다목적댐 등 댐의 개발계획, 광역상수도 및 공업용수도 확대건설, 권역별 광역상수도망 구성, 대체수자원 개발, 절수 등이 있다. 여기에서 본 절에서는 대체수자원에 대하여 알아본다.

2.4.1 지하수

강수량에서 지하수로 유입되는 양은 일반적으로 다음과 같이 산정된다. 강수량에서 약 25%는 증발되고, 나머지 75%에서 약 1/8이 지표에서 흐르고 7/8은 지하수 또는 일시적으로 지하로 유입되었다가 다시 지표로 나오게 된다. 현재 추정되는 지하 약 800m이내에 존재하는 지하수량은 약 $4.16 \times 10^6 km^3$정도이며, 이는 전체 하천수량의 약 3,000배에 정도이다.

지하수는 대체로 연중 일정한 수온을 유지하고, 자정작용에 따라 수질이 매우 양호하므로 중요한 수자원의 역할을 하고 있다. 미국 지질조사국(USGS)에 따르면 미국의 경우 전체 물 소비량의 약 20%가 지하수로 대체되고 있다고 한다. 지하수는 강우에 의하여 지속적으로 바로 보충되는 지표수와는 달리 한정된 지하수함량과 보존량을 고려하지 않고 적정 수준 이상으로 지하수를 과다하게 취수하거나 오염시키면, 머지않은 장래에 지하수장애가 심각하게 발생할 수 있으며, 일단 훼손된 지하수는 복원에 반영구적인 시간과 많은 비용이 소요되므로 과거 어느 때보다도 지하수 자원의 보전 측면을 고려한 체계적이고 신중한 개발 이용이 절실히 요구되고 있다.

우리나라에서 적절한 지하수개발 가능량을 산정하기 위하여 그 동안 여러 차례에 걸쳐 조사를 실시하였다. 이를 산정하기 위하여 적용된 기본개념을 요약하면 다음과 같다.

① 월별 지하수 저장량의 증가분 또는 감소분의 연간 합은 지하수 함양 또는 배출되는 양으로서 지하수의 함양 또는 배출이 평형을 유지하면서 개발할 수 있는 양을 지하수 적정 개발량으로 하여 산정한다.

② 연간지하수함량의 70% 수준을 지하수 개발 가능량으로 하여 산정한다.

③ 내륙지역을 78개 소유역으로 구분한 후 각 소유역에서 구한 기저유출량을 지하수 함양량으로 간주하여 지하수 적정개발 가능량을 산정한다.

④ ③항의 방법과 같이 지하수배출량에 해당하는 기저유출량을 지하수 함양량으로 간주하고 기저유출량과 강수량, 수계, 지질구조선간의 회기분석 결과를 이용하여 미계측 지역에서의 기저유출량을 추정하여 지하수 적정 개발량을 산정한다.

이들 개념을 적용하여 산정한 지하수적정 개발 가능량 산정결과를 요약 정리하면 표 2.5와 같다.

표 2.5 우리나라의 지하수 적정개발 가능량의 비교

구 분	조사기간	적용 개념	적정개발 가능량 (억m^3/년)
지하수자원기본조사(1차)	'92~'93	지하수저장량의 변화량	134.3
지하수이용 및 보전방안연구	'93	연간 지하수함량의 70%	143
지하수자원기본조사(2차)	'93~'94	기저유출량(수계변수)	137.8
지하수자원기본조사(3차)	'94~'95	기저유출량(수계 및 지질변수)	132.7
종합			130~140

1996년 건설교통부에서 작성한 지하수관리 기본계획에서 우리나라의 지하수 개발 가능량은 132.6억m^3/년으로 추정하였다. 1997년 지하수조사연보에 따르면 국내의 지하수 이용 현황으로부터 약 79만개의 지하수 공에서 28.6억m^3/년을 사용하고 있으며, 용도는 생활용수가 가장 높은 것으로 조사되었다. 즉, 현재 우리나라의 지하수 용도는 매우 다양한데, 지하수 개발 목적을 용도에 따라 분류하면, 첫째 상수도 수원으로 개발하는 경우, 둘째 상수도 비보급지역에서 음용을 목적으로 개발하는 경우, 셋째 상수도 보급지역에서 영리목적으로 지하수를 개발하는 경우, 넷째 지표수의 개발이 불리한 공단지역 및 공장 등에서 지하수를 개발하는 경우, 다섯째 농업용수원으로 지하수를 개발하는 경우, 여섯째 기타 온천용 및 광천음료수 등으로 개발하는 경우로 구분할 수 있다. 첫째, 둘째, 셋째 및 여섯 째 항목은 주로 생활 용수, 넷째는 공업용수, 다섯째는 농업용수에 해당한다.

표 2.6 연간 지하수 이용현황(1994년)(단위 : 천m^3/년)

시도	총 계		생 활 용		공 업 용		농 업 용		기 타	
	개소	이용량	개소	이용량	개소	이용량	개소	이용량	개소	이용량
계	637.285	2,571.297 (100%)	394.368	1,319.432 (51.3%)	9.394	229.412 (8.9%)	229.161	930.051 (36.2%)	4.362	92.402 (3.6%)
서울	18.353	23.296	17.573	19.809	559	3.418	34	18	187	51
부산	7.157	60.807	6.494	46.775	328	6.613	15	312	320	7.106
대구	3.734	26.475	2.866	15.151	576	8.919	128	521	164	1.884
인천	5.444	41.735	5.044	34.091	314	4.752	84	2.878	2	13
광주	6.380	19.265	4.293	15.036	179	1.716	1.874	2.463	34	51
대전	9.722	31.531	9.041	24.900	295	5.191	270	1.226	116	214
경기	66.682	467.874	45.925	239.513	1.408	53.974	18.646	153.780	703	20.607
강원	30.213	72.627	22.966	48.738	427	4.220	6.651	16.036	169	3.633
충북	59.395	224.506	31.224	64.478	895	25.129	26.880	119.403	396	15.496
충남	102.117	287.058	58.267	170.065	541	7.204	42.755	102.492	554	7.297
전북	123.158	261.766	59.878	77.695	566	8.805	62.583	174.222	131	1.049
전남	108.952	312.631	69.079	146.795	654	11.274	38.483	144.092	736	10.470
경북	58.921	334.527	35.770	188.685	1.128	48.599	21.522	82.901	501	14.342
경남	34.221	287.968	24.934	155.196	1.352	32.798	7.682	95.504	253	4.470
제주	2.836	119.231	1.014	72.505	172	6.805	1.554	34.203	96	5.719

건설교통부에서는 1994년 8월 시행된 지하수법에 따라 전국 시도에서 보고된 "지하수 이용실태조사"를 토대로 지하수 이용현황을 용도별, 지역별로 집계·분석하여 지하수조사연보를 발간했다. 이에 따르면 현재 우리나라의 연간 지하수이용량은 1994년말 기준으로 총용수이용량 290억m^3의 9%인 26억m^3(생활 14억m^3, 농업 10억m^3, 공업2억m^3)을 사용하고 있는 것으로 조사되었다. 지하수이용량이 증가한 것은 1993년~1994년의 극심한 가뭄의 영향으로 상당히 많은 양의 지하수이용이 증가된 것으로 추정된다. 1994년말 현재 지하수 이용현황은 표 2.6과 같다.

2.4.2 해수의 담수화

해수의 담수화란 해수 중에 용해되어 있는 염분을 제거하여 담수를 얻는 일련의 공정을 말한다. 지구상의 물의 총량은 약 13.8억㎦으로 추정되며, 이 중에서 97.5%가 해수로, 손쉽게 구할 수 있는 해수를 담수화하여 물 부족에 대처할 필요가 있다.

최근 전 세계적으로 점점 더 심각해지는 물 부족 사태 속에서 해수의 담수화는 지구상의 막대한 양의 해수를 갈수의 영향 없이 담수화하여 물 부족에 대처할 수 있는 방법이다. 특히 수자원이 부족한 지역에서는 유일한 대안으로 그 필요성이 대두되고 있다. 1960년대부터 인구 증가, 생활수준 향상, 기상 이변 등으로 물 부족 지역이 확대됨으로써 세계적으로 해수의 담수화에 대한 수요가 증대되어 설치 지역도 늘어나고 있는 실정이다.

해수의 담수화는 공정에 따라 증발법, 역삼투법, 전기 투석법 등으로 구분된다. 2003년 말 기준으로 전 세계 700m^3/일 이상의 담수화 설비 용량은 약 34,651백만m^3/일 정도이며, 중동 국가에서는 다량의 해수를 담수화하여 식수와 공업용수로 사용하고 있다. 우리나라는 1989년 후반 보령 화력에 담수화 설비를 설치하여 실험적으로 운영하였고, 2005년 말 기준으로 78개소의 담수화 설비를 운영하여 18,000여 명의 생활용수 및 공업용수로 사용하고 있다.

그러나 해수 담수화 사업에 대한 경제성 분석은 담수화 방법, 설비의 생산 규모, 시설의 위치 및 입지 조건, 사용 에너지의 단가, 원수의 청정도와 염분 농도, 생산 담수의 요구 농도 등에 따라 경제성이 크게 달라진다. 1일 생산량 50,000m^3 기준으로 일반 정수 시설과 해수 담수화 시설 단가를 비교해 보면, 해수 담수화가 유지 운영비 면에서 7~10배, 총 생산 단가 면에서 2.5~5배 정도 높아 현재로서는 경제성이 낮으나, 지표 수원이 부족한 해안 지역 및 도서 지역에 대체 수자원으로서의 도입 타당성이 있다.

2.4.3 인공강우

구름은 있으나 강수가 없을 경우 인공적으로 강수 입자의 형성을 촉진시켜 강수를 원하는 특정 지역에 비가 내리도록 유도하는 방법을 말한다. 다시 말해 구름이 형성되어 있으나 대기 중에 응결핵으로 작용할 수 있는 입자들이 적어 구름 방울이 빗방울로 성장하지 못하는 경우에 인위적으로 구름에 인공의 작은 입자들을 뿌려주어 응결핵의 역할을 하도록 하여 특정 지역에 강수를 유발하는 것이다. 과거에는 인공강우란 용어를 사용하였고, 인공증우와 혼용하고 있다.

(1) 인공강우 방법

대표적인 인공 응결핵으로는 드라이아이스, 요오드화은(AgI), 염분(NaCl) 입자들이 있으며, 이러한 입자들을 구름에 뿌려주게 되면 구름 내 빙정 형성이나 병합을 촉진시켜 강수가 일어나게 된다. 이처럼 구름 속에 인공 응결핵을 뿌려주는 것을 구름씨뿌리기(Cloudseeding)라고 하며, 이를 통해 안개를 제거하거나 우박이 내리는 것을 사전에 방지할 수 있으며, 태풍의 강도를 약화시키는 데도 활용되고 있다.

인공강우 방법은 전선의 종류에 따라 2가지로 구분된다. 한랭전선의 구름의 경우 드라이아이스와 요오드화은(AgI)을 사용하고, 온난전선의 구름의 경우 물이나 암염을 사용한다. 이것들을 비행기나 기구, 또는 산을 넘어가는 기류 등을 이용해서 구름 속으로 들여보낸다. 이 방법들은 0℃ 이하가 되어도 얼지 않는 물방울을 자연적인 상태보다 더 빨리 얼게 하여 강우 메커니즘에 꼭 필요한 빙정을 국부적으로 생성하여 더욱 많은 비를 내리게 하는 것이다.

(2) 인공강우의 효과

인공강우는 구름이 형성되어 있을 때 인공적으로 비를 내리게 하는 방법이기 때문에, 햇빛이 쨍쨍 내리쬐는 가뭄 때에는 효과가 나타나지 않는다. 이러한 인공강우는 실생활에 직접 이익을 가져다주지는 못하지만, 구름물리학(雲物理學) 연구에 크게 공헌한 것으로 평가된다.

(3) 인공강우의 역사

인공강우 실험의 첫 번째 과학적 시도는 1946년 미국 제너럴일렉트릭 연구소의 쉐퍼(Schaefer)가 항공기를 이용하여 구름 속으로 드라이아이스를 살포한 실험이었다. 쉐퍼는 실험실에서 냉각상자의 온도를 급속히 떨어뜨리기 위해 드라이아이스 조각들을 떨어뜨렸을 때 작은 얼음결정들이 형성되는 것을 목격하고 인공강우의 가능성을 인식하였으며, 이후 항공실험을 실시하여 성공적인 결과를 얻었다.

1947년 베나르드 보네거트(BenardVonnegut)는 아이오딘화은(AgI)이 얼음결정과 비슷한 결정구조를 가지고 있는 것을 응용하여, 인공강우용 구름씨 물질로 적당할 수 있다는 가능성을 제시하였다. 이후 아이오딘화은(AgI) 연소기를 개발하여 인공강우 실험을 성공하였다.

이를 계기로 1950년대와 1960년대에 세계 곳곳에서 인공강우 실험이 진행되기 시작하였는데, 미국에서는 겨울철 로키산맥에서 구름씨뿌리기를 하여 강설을 증대시키고 눈 녹은 물을 댐에 저류하여 이것을 갈수기에 이용하는 방법이 검토되었다. 1965년 미국 과학원에서 검토한 실험결과에 따르면 지형성 및 저기압성 강우계에 대해서는 인공적인 촉진법에 의해 10~20%의 강수량 증가를 기대할 수 있으나, 적운계(積雲系)의 구름에 대한 실험에서는 구름씨뿌리기가 유효하지 않다.

미국에서 개발된 인공강우 기술은 신기술 향상과 경험 축적으로 미국, 멕시코, 호주, 태국, 러시아, 중국, 남미, 아프리카 등 세계 주요 33개국에서 실용화되었고, 1990년대 이후 일본과 유럽까지도 기술 이용에 참여하였으며, 1994년 이후 세계기상기구(WMO)의 주요 의제로 채택되어 수자원 확보의 주요 기술로 인정받았다. 1995년에는 한국에서도 실시되었다.

(4) 인공강우 현황

미국에서는 국가적인 차원에서 기상조절에 대한 연구를 종합적으로 기획, 조정하기 위해 1978년 국립해양대기청(NOAA) 산하에 기상조절프로그램(AMP) 부서를 설립하여 운영 중이며, 각 주 정부의 기상조절프로그램에 대한 연구 활동 및 연구 장비 지원 등을 담당하고 있다. 또한 전세계적으로 엘니뇨와 라니냐 현상이나 지구온난화에 따른 기후변화에 의해 이상가뭄현상이 지속되고 있어, 인공강우가 가뭄 해소 및 내세 수자원 확보의 한 방안으로 다시 주목받고 있다.

되짚어보기

1. 지구상의 수자원에서 총수량에 따른 크기 순서를 나열하시오.
2. 우리나라가 물 부족국가로 분류되는 사유와 물 부족국가로 분류되는 기준을 설명하시오.
3. 우리나라 강수량의 시간적 변화에 대하여 설명하시오.
4. 우리나라의 지형에 따른 강수량변화 및 하천특성을 설명하시오.
5. 대체수자원의 3가지 사례를 쓰고 각각 간단하게 설명하시오.
6. 우리나라의 물 부족에 대한 중장기대책에는 어떠한 것이 있는가?
7. 해수담수화 방법 3가지를 쓰시오.
8. 인공강우방법을 설명하시오.

제3장

물의 이용(이수)

제3장 물의 이용(이수)

3.1 물의 이용 및 용수수요현황

물은 이용목적에 따라 생활용수, 공업용수, 농업용수 및 하천유지용수 등으로 분류되고, 용수수요는 경제정도와 사회의 환경변화에 영향을 받는다. 그림 3.1은 우리나라의 수자원 이용현황을 나타낸다.

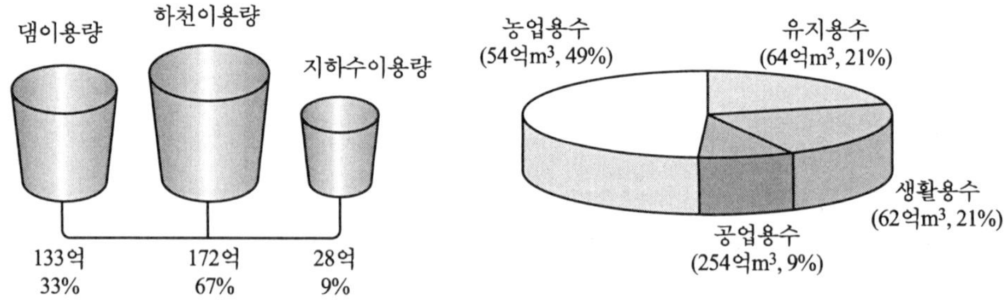

그림 3.1 우리나라의 수자원이용현황

3.2 생활용수

생활용수에서 가정용수는 음용수, 취사, 목욕, 세탁, 수세식화장실 등이 있으며, 상점, 병원, 학교 등과 같은 도시생활용수가 있다. 선진국화가 될수록 즉, 생활수준이 높아질수록 물의 이용량이 증가하게 되는데, 수세식화장실, 급탕시설의 증가와 빌딩의 고층화 등 도시기능이 고도화되는 복합적인 이유로 물은 도시생활에 있어서 매우 중요한 자원이 되고 있다.

생활용수 수요량은 광역상수도 및 지방상수도에 의해 급수되는 상수도 급수지역과 간이급수시설(간이상수도 전용상수도, 우물 및 샘물 등)에 의해 급수되는 상수도 미급수지역으로 구분하고 여기에 기타 급수량(상수도 급수지역내 상수도 급수량 이외의 자체 지하수개발 이용량 및 기타 지하수 이용량의 합)을 더하여 산정한다.

소득 및 생활수준의 향상으로 생활용수의 수요와 상수도 시설용량이 1960년 517,000m^3/일에서 1995년 약 35년 만에 약 42배인 21,844,000m^3/일로 증대되어, 1995년 기준으로 우리나라 상수도 보급률은 약 82.9%가 되었다. 그림 3.2는 우리나라를 포함한 주요 국가들의 상수도 보급률을 나타낸다.

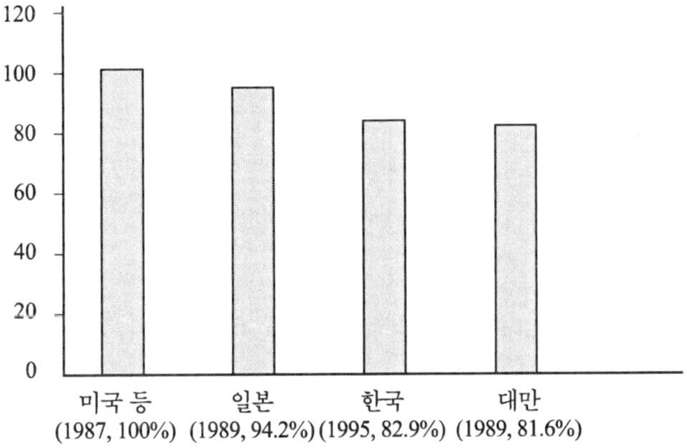

그림 3.2 주요국가의 상수도 보급률

최근 2016년 자료에 따르면 우리나라 상수도 보급률은 98.9%로 주요 선진국 수준인 것으로 나타났다. 환경부는 2016년 상수도 통계 조사결과 우리나라 상수도 보급률이 98.9%로 주요 선진국 수준이 되었다고 발표하였다.

상수도 통계는 정수장, 상수관 등 상수도시설을 비롯해 수돗물 공급받는 인구, 1인당 하루 물사용량, 수돗물 생산원가 및 수도요금 등의 정보를 담고 있는데, 통계에 따르면 전국 161개 지방상수도사업자와 1개 광역상수도사업자가 전체 인구의 96.4%인 5097만1070명에게 수돗물을 공급하고 있다. 마을상수도와 소규모 급수시설로 음용수를 공급받는 인구는 각각 1.6%인 84만3492명과 0.9%인 44만4465명이다.

상수도가 공급되지 않는 지역주민은 전체 인구의 1.1%인 59만8866명이다. 이들은 개별 관정(우물) 등을 이용하는 것으로 나타났다.

상수도관의 노후 등으로 인한 누수로 연간 수돗물 총 생산량의 10.6%인 약 6억8250만톤(팔당댐 저수용량의 2.8배)의 수돗물이 버려지고 있다. 이를 수돗물 생산 원가(2016년도 기준)로 환산하면 손실액이 연간 5922억 원에 달하는 것으로 추산된다. 누수율을 지역별로 보면, 서울시가 2.3%로 가장 낮으며, 대전광역시가 3.3%, 부산광역시가 3.7%에 달했다.

반면 제주도는 누수율이 41.1%로 가장 높았다. 이어 전남도 25%, 경북도 24.7% 순으로 나타났다.

3.3 공업용수

공업용수는 공장 등에서 제품생산 및 시설의 유지관리를 위한 모든 종류의 물을 의미하는데, 여기에는 원료가 되는 물, 제품을 처리하는데 사용되는 물, 세정을 위한 물 등이 포함된다. 공업용수는 전용공업용수도 및 상수도에 의한 외부급수, 하천수의 점용허가에 따른 하천수 취수, 지하수 취수 등에 의해 공급된다.

공업용수 수요량 현황조사는 공단과 자유입지업체로 구분하여 수행되는데, 공단은 국가에서 관리하고 한국수자원공사에서 용수를 공급하는 국가공단과 지방자치단체에서 관리하는 지방공단 및 농공단지 등이 있으며, 공단에 포함되지 않는 공장들을 자유입지업체로 분류한다.

3.3.1 공단 공업용수 수요량

공단의 공업용수 수요량은 실적자료 현황파악으로부터 산정되는 것이 원칙이지만 대체로 자료가 부족한 경향이 있다. 실적자료에 의한 현황파악이 어려울 경우 부지면적에 기존 공단을 대상으로 산정된 업종별 부지면적 원단위법으로 파악한다.

3.3.2 자유입지업체 공업용수 수요량

자유입지업체의 공업용수량도 공단과 같이 실적자료 현황으로부터 산정되는 것이 원칙이지만 이는 거의 불가능한 것이 현실이다. 자유입지업체의 경우도 공단과 같이 부지면적 원단위법으로 파악하게 된다.

우리나라의 경우 2000년대 초반까지 국가가 건설하여 운영 중인 공업용수도는 전국의 주요 산업단지에 총 343.5만 m^3/일의 용수공급능력을 가지고 있으나, 수도정비계획에 따라 2011년까지 397만 m^3/일의 용수공급능력을 추가로 확보할 예정이다.

3.4 농업용수

농업용수는 생활 및 공업용수와 다른 다음과 같은 특징이 있다.

(1) 농업용수 수요량은 기상조건에 따라 크게 변동되므로 계절적 변동이 크고, 작물의 관개 기간이 한정되어 있으므로 수요에 대한 집중도가 높다.
(2) 농업용수 수요량은 실제 필요수량과는 다른 역사적 및 사회적 배경을 가지는 관행에 지배되는 경우가 많다.
(3) 경작지에 침투된 물은 다시 하천으로 유입되어 생활용수 및 공업용수의 공급원으로 사용되므로 관리용수량이 다른 용수량에 비하여 많게 된다.
(4) 경작지(논)는 집중호우 등에 일부를 저류시키거나 정체시킴으로써 홍수를 조절하는 기능을 수행하기도 한다.
(5) 생산과 활동이 동일한 지역을 형성하는 농촌에서의 농업용수는 생산을 위한 자원 , 자연보전, 문화자원과 함께 아름다운 경관으로 관광산업에도 기여하는 지역자원으로 간주되기도 한다.

농업용수 수요량은 경작지 토양속의 부족한 물을 보충하는데 소요되는 물의 양으로 정의할 수 있다. 경작지내에서만 소모되는 농업용수 수요량을 순용수량(net duty of water)이라하고 여기에 용수원으로부터 경작지까지 물을 유입시키는 동안 손실되는 수량인 수로 및 조작 손실량을 더한 것을 조용수량(gross duty of water)이라 한다.

그러나 농업용수의 수요량은 농업용수의 특징과 같이 기상조건에 변화가 크며, 관행에 지배되고, 공급시스템을 전체적으로 파악해야 하는 등 실제 현황파악은 매우 어려운 실정이다.

그러므로 농업용수도 공업용수와 유사한 원단위법을 활용하는데, 답작지와 관개전 등의 경지면적을 분석하여 산정된 농업용수 원단위를 곱하여 산정하는 간접적인 방법을 주로 사용한다. 표 3.1은 우리나라의 농업용수산정기준 사례를 나타낸다.

표 3.1 우리나라의 농업용수 산정기준(경작지면적 추정, 단위 천ha)

연도	1988	1991	1994	2001	2006	2011
계	2,138	2,127	2,094	2,077	2,046	2,011
답	1,358	1,384	1,417	1,466	1,500	1,531
전	780	743	667	611	546	480

3.5 하천유지용수

하천 유지용수는 하천의 유수가 정상적인 기능을 유지하기 위해 필요한 물이다. 하천유지용수가 적절히 있으면 하천의 수질오염이 일정하게 유지가 되며, 해수의 의한 역류를 방지하여 염해 피해를 막을 수 있다. 또한 적절한 하천유지용수로 인해 하천 주변의 지하수위를 유지할 수 있으며, 하천 속에 동식물을 보호할 수 있다. 하천유지용수를 공급하기 위해 하수처리장의 방류수를 하천으로 흘려보내기도 하며, 서울의 청계천과 같은 도심 속의 하천의 경우 하류로 흘러간 물을 펌핑을 통해 상류로 다시 끌어올려 하천용수로 이용하기도 한다. 또한, 하천용수를 유지하기 위해 하천에 보(weir)를 설치하기도 한다.

하천유지유량은 하천에서 유수의 정상적인 기능 및 상태를 유지하기 위하여 필요한 유량으로 자연 상태의 하천에서 갈수기에도 유수가 있는 상태의 유량으로 하천의 건천화 방지, 하천 생태계 유지 등 자연하천이 가지고 있는 최소한의 기능이 유지되도록 할 최소유량으로 정의할 수 있는데, 수질보존, 하천관리시설의 보호, 주운, 염해방지, 경관 등의 기능을 말한다. 우리나라의 경우 하천법 시행령 제11조 1, 2항에 하천유지유량설정을 명문화하고 있다.

수질보존의 측면에서 대부분의 비점오염원과 일부의 점오염원은 하수종말처리장에서의 하수처리가 어려운 경우도 있으므로 수질환경기준을 만족시키기 위하여 하천유지용수의 확보가 필요하다.

하천유지용수량의 산정은 여러 가지 방법이 있으나, 대체로 인위적인 요인인 수질환경기준을 만족시키기 위한 희석용 수량과 자연적인 요인인 평균갈수량과 비교하여 큰 값을 선택한다.

표 3.2 우리나라의 4대강 수계별 하천유지용수량 (단위 m^3/sec)

유역	목표년도						비고
	1988	1991	1996	2001	2006	2011	
한강	35	83	83	99	100	110	수질환경기준
낙동강	40	45	45	51	60	70	수질환경기준
금강	30	30	30	30	30	30	기존유지용수
영산강	–	10	10	10	10	10	수질환경기준

3.6 발전용수

수력 발전은 발전 방식의 한 가지이다. 높은 곳에서 떨어지는 물의 힘을 이용하여 수차를 돌려서 그 기계적 힘으로 발전기를 운전하여 전력을 일으키는 발전 방식이다. 널리 쓰이고 있는 수력 발전 방식에는 댐식·수로식·댐 수로식 등이 있다. 이들은 물을 운반하는 수로가 다를 뿐 원리는 같다. 즉 높은 곳에 있는 물을 떨어뜨려 발전기의 수차를 돌려 전기를 일으킨다.

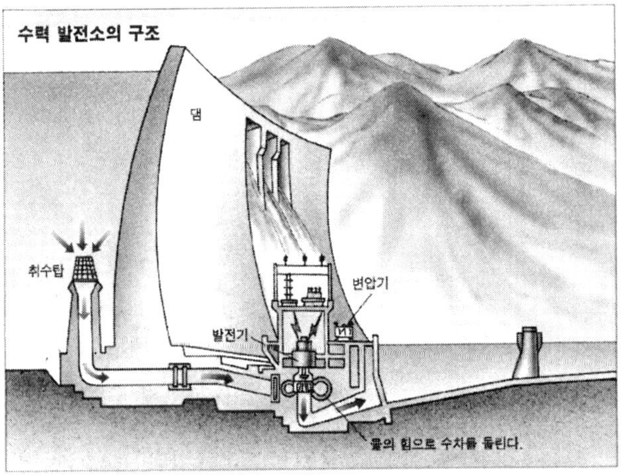

그림 3.3 수력발전 구조

댐에 의한 수력 발전은 반드시 그 지역에 충분한 강수량이 있어야 한다. 댐은 건설비가 많이 들고, 건설 기간이 오래 걸리는 단점이 있다. 그러나 일단 건설해 놓으면 유지비가 적게 들고 홍수 조절뿐만 아니라 농업용수로도 이용할 수 있는 장점이 있다. 우리나라에서는 수로를 만드는 방식을 많이 사용하였으나 최근에는 댐식 발전을 많이 하고 있다. 수력발전 방식은 다음과 같다.

(1) 낙차를 얻는 방법에 의한 분류

- 수로식 : 하천의 경사에 의한 낙차를 그대로 이용하는 방식으로 하천의 상 중류부에서 경사가 급하고 굴곡된 곳을 짧은 수로로 유로를 바꾸어서 낙차를 얻는 방식으로 물의 양이 적은 곳에 적합하다.
- 댐식 : 댐 상류측의 수위를 올려서 하류측과의 사이에 낙차를 만들고 이 낙차를 이용하여 발전하는 방식으로 물의 양이 비교적 많을 때 적합하다.
- 댐 수로식 : 댐식과 수로식을 병용한 것이다.
- 유역변경식 : 어느 하천에 인접해서 다른 하천이 있고 이 두 하천 사이에 큰 낙차를 얻을 수 있을 때 두 하천을 수로로 연결하여 그 낙차를 이용하는 방식이다.

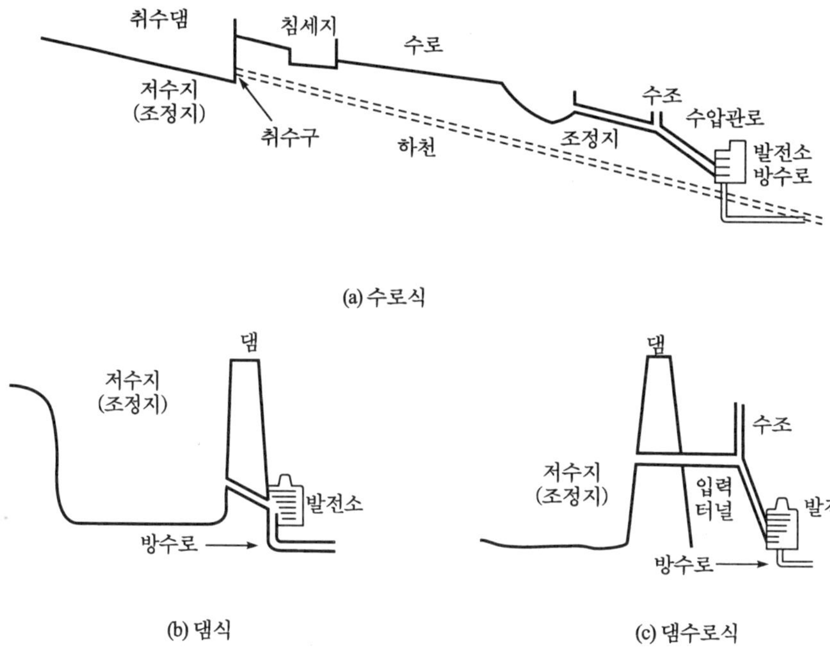

그림 3.4 수력발전 공법

(2) 유량의 사용방법에 의한 분류

- 유압식 발전소 : 발전소 소정의 최대 사용 수량의 범위 내에서 하천의 자연 유량을 인공적으로 조절을 가하지 않고 그대로 발전하는 방식이다.
- 조정지식 발전소 : 수로식 도중 취수구 앞에 조정지를 설치해서 하천으로 부터 취수량과 발전에 필요한 수량과의 차를 이 조정지에 저수하거나 방출함으로써 수 시간 또는 수일간에 걸친 부하 변동에 대응하는 방식이다.
- 저수지식 발전소 : 수량 조절용 저수지를 조정지의 용량에 비해 월등히 크게 하여 풍수기에 넘는 물을 저수하였다가 갈수기에 방출하여 하천 유량을 유효하게 이용하는 방식이다.
- 양수식 발전소 : 전력 수요가 적은 심야 또는 휴일에 잉여전력을 이용하여 하부수조의 물을 상부수조로 양수(pumping)하여 저장해 두었다가 첨두부하 시에 사용하는 방식이다.

되짚어보기

1. 물을 이용목적에 따라 분류하고 각 용수에 대하여 설명하시오.
2. 공업 및 농업용수의 수요량을 예측하기 어려울 경우 활용되는 방법에 대하여 설명하시오.
3. 하천유지유량을 고려하면 하천의 어떠한 기능을 유지하는데 기여하는가?
4. 발전용수에서 수력발전 방식을 분류하고 각 방식에 대하여 설명하시오.

제4장

지구상의 물

제4장 | 물의 다스림(치수)

4.1 우리나라의 치수현황

물의 다스림 즉 치수(治水)란 국가적으로 물길을 다스리는 사업을 실시하는 모든 행위를 일컫는다. 인간이 농경을 시작하고 나서부터 치수는 중요한 작업이었는데, 기본적으로 인간은 물을 마셔야만 살 수 있었을 뿐 아니라 농사에 중요했기 때문이다. 물은 너무 적어도, 너무 많아도 문제인데, 너무 적으면 가뭄으로 흉년이 들고, 너무 많으면 물이 넘쳐서 홍수라는 재해가 발생한다. 어느 쪽이든 사람들의 삶에 지대한 영향을 끼치기 때문에 고대부터 나라를 다스리는 왕들은 심혈을 기울여 치수 사업을 실시했다. 중국 신화에도 황하를 다스리기 위해 많은 이들이 나섰다가 실패하고 말았으며, 이 치수를 성공시킨 우는 순의 뒤에 이어 왕의 자리에 오르게 된다.

우리나라는 앞의 장에서 설명되었듯이 강수량의 시간적 변화 즉, 연도별로는 약 750mm ~1,680mm, 계절별로는 6, 7, 8, 9월 4개월에 연중 강수량의 2/3가 집중되며, 지질구조는 주로 화강암 및 편마암으로 구성되어 풍화, 침식, 퇴적 등으로 하천관리의 여건이 불리하다. 또한, 지형적으로는 산지가 국토의 2/3이고, 동쪽은 높은 산지이고 서쪽은 낮은 평야지대로 구성되어 하천의 유로연장이 짧고, 경사가 급하며, 하천의 최대유량/최소유량의 비인 하상계수가 매우 높은 것도 관리의 어려움에 기여한다. 지형적으로 낮은 지형에 인구와 시설물이 밀집되는 경향을 보이게 되므로 홍수 및 집중호우에 취약한 형태가 되므로 매년 침수피해로 막대한 인명과 재산피해가 발생하고 있다.

최근 엘리뇨 및 라니냐와 같은 이상기후로 우리나라에 집중호우와 가뭄 등이 반복적으로 나타나 큰 피해를 주고 있는데, 기존의 계절에 따른 전선성 강우(장마 등), 태풍이 동반된 강우에서 스콜과 같은 열대성인 강우인 국지적이고 집중적인 호우의 경향을 보이고 있어 치수에 더욱 어려움을 겪고 있다.

4.2 댐을 활용한 치수

댐은 산간계곡이나 하천을 횡단하여 저수·토사유출방지·취수·수위상승 또는 붕괴방지를 위하여 만들어진 구조물이다. 댐은 비록 본격적인 건설은 최근에 속하지만 인류에 의해 건설된 구조물 중에서 가장 많은 숫자를 가진다. 댐은 그 목적에 따라 저수댐·취수댐 및 사방댐 등으로 구분한다. 일반적으로 댐이라 하면 저수댐을 지칭하는 경우가 많다. 댐의 특수한 형태로서 토사유출을 저지하는 사방댐 외 광산에서 광물을 제련한 뒤의 찌꺼기를 버리기 위한 댐도 있다.

현재 우리나라 「하천법」에서는 국제관례에 따라 높이 15m 이상의 것을 댐으로 규정하고 있다. 어떤 한 가지 목적에 이용되는 댐을 전용댐 또는 단일목적댐, 두 가지 이상의 목적에 이용되는 댐을 다목적댐이라 한다. 전용댐은 주로 용수의 공급과 수력발전과 같은 이수목적으로 설치되고, 다목적댐은 상기의 이수목적과 홍수 시 이를 일정기간 저류하여 하류부의 침수피해를 방지하는 기능을 지닌 치수의 목적을 가지고 있다.

한편, 구조면에서 보면 수문이 댐의 주체를 구성하는 가동(可動)댐과 그렇지 않은 고정(固定)댐으로 나눈다. 고정댐은 댐마루에 수문을 달아 홍수를 월류(越流: 흘려 보내게 함)시키게 하는 형식의 월류댐과 비월류댐으로 구분한다.

댐을 구성하는 재료를 중심으로 콘크리트댐 및 필댐(filldam)으로 나누고, 콘크리트댐은 설계형식에 따라 중력식 댐과 아치댐으로 구분하며 필댐은 흙댐과 록필댐(rockfilldam)으로 구분한다. 중력식 콘크리트댐은 콘크리트의 중량으로 물의 압력을 지탱하는 댐으로 콘크리트댐의 대부분이 이에 속한다.

세계 최고의 중력식 콘크리트댐은 스위스의 그랜드 딕선스댐(GrandDixenceDam, 높이 285m, 1962)이며, 우리나라에는 이와 동일한 형식의 대표적인 댐으로 충주댐·화천댐·대청댐 등이 있다.

필댐은 암석·사력·흙 등의 재료를 쌓아 올려서 만드는 댐의 총칭으로 흙댐과 록필댐이 이에 속한다. 필댐은 댐의 기초 면적이 넓기 때문에 물의 압력과 댐의 중량을 분산시키므로 콘크리트댐보다 지질조건이 불리한 댐 지점에도 건설할 수 있는 장점이 있다. 이러한 형식의 세계 최고 댐은 러시아의 로간댐(RogunDam, 높이 335m, 1986)이며, 우리나라에는 소양강댐·삼랑진상부댐·안동댐 등이 있다.

댐은 인간이 만드는 구조물 중에서는 가장 큰 부류에 속하며, 만일 댐이 파괴되었을 때 하류에 전파되는 피해는 엄청나다. 따라서 댐을 건설할 때 가장 기본적 요소는 댐의 안전성·경제성 및 환경에 미치는 영향 문제이다. 1985년에 준공된 충주다목적댐의 경우 현지조사 및 예비 타당성조사에 1958~1971년의 13년, 타당성조사에 1972~1977년의 5년, 공사 준비에 1년, 건설공사에 1978~1985년의 7년이라는 장구한 세월이 소요되었다. 물론, 충주댐의 경우는 특수한 예라고 할 수 있으나, 보통 댐의 계획 설계를 위한 현지조사에는 수문조사·기상조사·지형조사·지질조사·재료조사 및 환경영향조사 등에 5~6년의 시간을 필요로 한다.

그림 4.1 **소양강댐**

조사수행에 따른 결과를 반영하여 댐의 설계도 점차 세부적으로 진행되는데, 댐 지점의 지형·지질·재료 및 홍수 등 여러 가지 조건을 고려하여 우선 댐의 형식이 선정되고 댐 전체의 모양과 내부의 구조 및 댐 기초 보강을 위한 설계를 하게 된다. 설계에서는 컴퓨터를 이용한 방대한 기술 계산과 모형실험 등을 실시하고, 동시에 여수로 등 하류 방류를 위한 댐 방류설비, 담수(댐에 물을 채우는 과정) 후에 댐의 거동을 감시하기 위한 댐 계측설비와, 이러한 댐 관리 장치를 조작하기 위한 관리 설비 등 여러 가지 댐 부속설비의 설계와 공사용 가설비 등을 검토하는데, 현지조사 완료 후 보통 2~3년의 시일을 거쳐 설계가 확정된다.

댐 건설공사는 먼저 댐 지점에 진입하는 도로공사부터 시작해서 댐 공사장 내의 공사용 도로공사, 공사용 가설비공사, 하천 유수전환을 위한 가배수로공사와 가물막이공사, 댐 기초굴착공사, 댐 기초의 지지력·전단력 및 차수성(遮水性: 물을 차단하는 성질) 보강을 위한 댐 기초처리공사, 댐 축조공사, 방류설비 등 댐 부속설비공사, 이설도로공사, 수몰민 이주대책공사, 저수지 청소공사, 가배수로 폐쇄공사, 시험담수 및 본 담수의 순으로 이어져 준공을 하게 된다.

댐 건설공사의 핵심인 댐 축조공사는 댐의 안정 강도 및 차수성을 보장하기 위한 과학적인 품질관리에 만전을 기해야 한다. 댐 건설공사는 통상 3~7년의 시일을 필요로 한다.

4.2.1 댐 개발사

댐의 기원이 언제인지는 분명하지 않으나 인간의 문명과 같이 그 역사가 시작되었다고 생각된다. 현재 확인되는 가장 오래된 유적은 기원전 2900년경 이집트에서 축조된 높이 11m, 길이 106m의 석조댐이다.

근대 댐의 선구로는 1594년 스페인에서 관개용 댐으로 건설된 높이 41m의 알리칸테댐(AlicanteDam)을 들 수 있으며, 19세기 프랑스에서 댐기술이 획기적으로 발전하여 오늘에 이르고 있다.

우리나라는 아시아몬순지역 특유의 다우지대이므로 일찍부터 물을 이용하는 쌀농사가 시작되었고, 이와 더불어 관개용 수리시설이 발달하였다. 김제에 있는 벽골제(碧骨堤)는 기록상 우리나라 최초의 댐으로 330년(흘해왕 21)에 축조되었다고 한다. 벽골제는 토사를 다져서 만든 흙댐으로 길이 3,240m, 높이 4.3m, 댐마루 너비 7.5m, 댐밑바닥 너비 17.5m, 사용 토량의 부피 16만 1253m^{3}로서 고대의 토목공사로서는 상상 이상의 대규모공사였다. 벽골제는 오늘날 높이 15m 이상으로 규정하는 댐이라고 할 수 없으나, 우리나라 댐 개발사에서 큰 의의를 가지는 댐이며, 평탄한 지형에 3,240m에 걸쳐 높이 4.3m의 제언을 축조하면서 적용한 정밀도 높은 수준측량(水準測量) 기법을 높이 평가할 수 있다. 또한, 벽골제는 『삼국사기』에 신라가 축조한 것처럼 기록되어 있으나, 백제의 축조로 보는 것이 역사학계의 지배적인 견해이다.

신라시대에 축조되었다고 알려진 저수지로는 시제(矢堤)·의림지(義林池)·대제지(大堤池)·수산제(守山堤)·공검지(恭儉池) 등이 유명하며 많은 문헌에 기록되어 있다. 벽골제보다 약 100년 뒤인 429년(눌지왕 13) 벽골제보다 더 규모가 큰 시제를 쌓았다는 기록이 있으나, 시제가 지금의 어느 곳인지 확인되지 않고 있다.

삼국시대의 제언으로서 현재까지 잔존하는 것은 영천의 청제(菁堤), 제천의 의림지, 밀양의 수산제 등이다. 1968년 12월 신라삼산조사단에 의하여 영천에 있는 청제(청못)가 신라시대에 축조된 제언임이 확인되었다. 청제는 530년(법흥왕 23)에서 596년(진평왕 18)에 걸쳐 축조된 것으로 되어있다.

고려시대에는 전란 등으로 정치가 불안정하여 댐 건설에 특기할 만한 발전은 없었으나, 995년(성종 15) 공조 산하에 우수부(虞水部)를 설치하는 등 수리행정에 대한 깊은 관심을 보였다는 점은 특기할 만하다.

조선시대에는 '농자천하지대본(農者天下之大本)'이라고 일컬어 국초부터 관개를 중심으로 하는 수리행정에 비상한 관심을 보였다. 1395년(태조 4) 권농관제도를 두어 제언수축을 독려하고, 1419년(세종 1) 제언대장(堤堰臺帳)을 2부 만들어 비치하였고, 연대는 확실하지 않으나 제언사(堤堰司)라는 관청을 창설하여 댐시설의 신설·조사·수리를 관장하게 하였다. 1662년(현종 3)에는 오늘날의 하천법에 해당하는 「제언사목 (堤堰事目)」을 발표하고 제언사를 복설하여 제언의 간검제도를 부활하고, 1778년(정조 2) 「제언절목(堤堰節目)」을 공포하는 등 조선시대 댐제도면의 치적은 높이 평가할 만하다. 「제언사목」에 따르면 "진흙만으로 물을 가로질러 막으면 비가 오면 곧 무너져 버리니, 큰 나무를 이어서 가로막은 다음 기둥으로 그 뒤를 버티어서 가옥의 간살이처럼 얽어서 움직이지 않게 하고, 밑바닥에 많은 돌을 쌓고 돌이 없으면 솔가지를 많이 쌓아 물이 넘쳐 파괴되는 것을 막을 수 있다."라고 댐공법을 소개하고 있어, 당시 댐 기술의 일면을 알아볼 수 있다. 또한, 1395년 정분(鄭苯)이 제안하고 「제언절목」에서 전주의 영금제(嬰金堤)와 행광신제(杏光新堤)의 실례를 들어 권장하고 있는 수통공법(水桶工法)과 1798년에 『정조실록』 소개된 정시원(鄭始元)이 창안한 도수잠관공법(導水潛管工法) 등은 댐 관련기술로서 특기할 만하다. 『문헌비고』에 따르면 1782년에 조사한 전국 제언 총수는 3,378개 소에 달하고 있다. 각 도별로는 경기도 270개 소, 경상도 1,522개 소, 전라도 913개 소, 충청도 503개 소, 평안도 55개 소, 황해도 26개 소, 함경도 24개 소, 강원도 65개 소로 제언의 90% 이상이 삼남지방에 몰려 있었음을 알 수 있다.

조선시대의 댐도 삼국시대의 댐과 마찬가지로 오늘날 법령에서 15m 이상으로 규정하는 댐이라고는 할 수 없다. 그 뒤 20세기 초까지 높이가 낮고 흙으로 쌓아 올린 수많은 관개용 둑을 만들어 온 것이 우리나라 댐 기술의 실태였다고 볼 수 있다. 이러한 사실은 댐 기술의 개발사를 세계적으로 볼 때, 아시아 지역에서는 주로 흙댐이 발달하였고, 유럽에서는 석조댐이 많이 만들어졌다는 사실과도 연관이 있는 것으로 생각된다. 우리나라 근대적 댐의 역사는 1920년대 후라고 할 수 있으며, 오늘날과 같은 대규모 댐의 시대는 1940년 후에 열렸다고 할 수 있다. 그리고 우리 기술과 노력으로 댐건설의 양적·질적 개화기를 맞이한 것은 1962년 이후의 일이라고 하겠다. 1910년 경술국치 이래 일제는 한반도를 대륙침략의 병참기지로 삼기 위해 여러 가지 정책을 수행하였는데, 그 가운데 두 가지가 한반도의 댐 건설을 촉진시키는 계기가 되었다. 첫째는 북한지역의 중공업화시책으로 자연조건이 유리한 북한지역에 대규모 수력발전소를 건설함에 따라 큰 규모의 수력발전용댐(수풍발전소)이 건설되었고, 둘째는 한반도의 식량생산기지화 시책으로 미곡증산을 위해 규모가 크지는 않으나 많은 관개용 댐을 만들었다는 사실이다.

댐 건설을 뒷받침하기 위해 일제는 국가사업으로 1915~1939년 사이 두 번에 걸쳐 전국 25개 주요 하천 조사사업을 실시하는 한편, 1911~1945년 사이 세 번에 걸쳐 전국 포장수력(包藏水力) 조사사업을 실시하였다.

이 시대에 건설된 댐의 특징은 다음과 같다. 첫째, 당시 세계적 기술수준에 접근한 큰 규모의 중력식 콘크리트댐이 수력발전용으로 상당수 건설되었다. 둘째, 수력발전용댐의 대부분이 유역변경방식으로 큰 낙차를 얻기 위한 댐이었으나, 수풍댐과 같이 큰 하천 본류에 하천 유량의 연간 조절구실을 할 수 있는 큰 저수용량을 가진 댐도 건설되기 시작하였다. 셋째, 많은 관개용 댐이 전국 방방곡곡에 건설되었으나 대부분이 높이 20m 미만이고 댐 형식 또한 대부분이 흙댐이었다는 것들이다. 세계적으로 댐 건설에 합리적인 설계사상이 도입된 것은 19세기 후반으로, 댐의 전도(顚倒)・활동(滑動) 등에 관한 설계이론이 확립되었다.

20세기 초 포틀랜드시멘트가 출현함으로써 콘크리트댐의 규모가 비약적으로 커지고, 특히 미국에서 댐 건설의 신기원을 이룩한 후버댐(HooverDam, 높이 221m, 아치식 콘크리트댐, 1936) 등 많은 대규모 콘크리트댐이 출현하였다.

우리나라에서는 관개용 댐으로 대아댐 및 운암댐이, 수력발전용 댐으로 청평댐 및 화천댐 등이 중력식 콘크리트댐으로 20세기 전반기에 건설되었고, 특히 1941년 압록강 본류에 건설된 수풍댐은 높이 106m, 콘크리트 부피 323만m^{3}의 중력식 콘크리트댐으로 5년이라는 짧은 기간에 근대적 기계화 시공으로 완공됨으로써 우리나라 댐 기술개발사의 전환점을 이룩하였다.

1945년까지 일제시대에 건설된 수력발전용 주요 댐을 수계별로 살펴보면, 압록강수계에는 부전강(赴戰江)에 부전호댐, 장진강(長津江)에 갈전댐 및 메물댐, 허천강(虛川江)에 연두평댐・황수원댐・내중리댐・사초평댐, 압록강 본류에 높이 106m, 길이 900m, 부피 323만m^3, 총저수용량 112억m^3, 발전출력 70만kW의 당시 세계 유수의 수풍댐을 1941년 중력식 콘크리트댐으로 건설하였다. 두만강수계에는 성천강(城川江)에 부령댐, 한강수계에는 북한강 본류에 판유리댐·청평댐 및 화천댐(높이 86m, 중력식 콘크리트댐, 1944), 섬진강 수계에는 관개용 댐을 겸한 운암댐(높이 26m, 중력식 콘크리트댐, 1928) 등을 건설하였다.

한편, 1920년부터 산미증식정책으로 토지개량사업이 활발히 추진되어 많은 관개용 댐이 건설되었다. 남북한을 통틀어 1945년까지 건설된 관개용 댐에 관한 통계는 분명하지 않으나, 1941년도 통계에 보면 1920~1941년에 건설된 관개용 댐으로 15m 미만의 댐이 193개(75.4%), 15m 이상의 댐이 63개(24.6%)로서 도합 256개로 되어 있다. 63개 가운데 남한에서 건설된 댐이 48개, 북한에서 건설된 댐이 15개로 되어 있다.

일제강점기인 1945년까지 남한지역에서 건설된 높이 15m 이상 관개용 댐은 대아댐(높이 33m, 중력식 콘크리트댐, 1922) 을 비롯하여 87개이다. 87개 댐 중 48개 댐이 1920~1941년에 건설되었고 3개 댐은 1915~1919년, 36개 댐은 1942~1945년에 건설되었다. 이와 같이 일제는 1942~1945년에 남한에서 높이 15m 이상의 관개용 댐을 37개나 건설하였다는 사실에 비추어, 같은 기간에 북한에서도 식량증산을 위한 관개용 댐 건설에 혈안이 되어 확인할 수는 없으나 높이 15m 이상의 댐을 상당수 건설하였을 것으로 추측된다.

1920~1941년 건설된 256개의 관개용 댐을 형식별로 분류하면 흙댐이 252개(98.5%), 중력식 콘크리트댐이 4개(1.5%)로 대부분이 흙댐으로 되어 있다.

8·15광복 이래 오늘에 이르기까지 우리나라의 댐 건설은 3기로 크게 나눌 수 있다. 제1기는 광복 이후 휴전 성립까지의 댐 건설과도기이고, 제2기는 6·25전쟁 후 휴전 성립에서 1961년까지의 댐 건설전진기이고, 제3기는 1962년 제1차 경제개발5개년계획 이후 오늘에 이르는 댐 건설개화기라고 할 수 있다.

이와 같은 시대 구분에 따라 각 시기별 댐 건설내용을 요약하면, 제1기는 광복 후의 혼란과 정부의 재정 빈약으로 광복과 더불어 중단되었던 댐 공사의 진행에 급급했던 시기이다. 관개용 댐으로 전라남도 함평의 대동댐(높이 16m, 흙댐, 1949)을 비롯하여 27개의 댐이 모두 흙댐으로 건설되었고, 생활용수 댐으로는 부산의 회동댐(높이 28m, 중력식 콘크리트댐, 1946)이 준공되었다.

제2기는 6·25전쟁 이후의 활발한 외국원조와 국고를 주축으로 하여 관개용 댐 건설에 많은 진전을 보았다. 충청남도 보령의 청천댐(높이 20m, 흙댐, 1960)을 비롯하여 169개의 관개용 댐이 모두 흙 댐으로 건설되고, 생활용수 댐으로 경기도 연천의 중리댐(높이 26m, 흙댐, 1960), 경상북도 대구광역시 달성군의 제1차 가창댐(높이 28m, 흙댐, 1959) 등의 댐이 흙댐으로 건설되었다. 또한, 1957년 수력발전용 댐으로 괴산댐(높이 28m, 중력식 콘크리트댐, 1957)이 우리 기술로 건설되었다는 사실은 매우 특기할 만하다.

제3기는 1962년 제1차 경제개발5개년계획을 기점으로 전개된 식량 자급자족을 위한 전천후 농업용수개발계획, 수출진흥을 위한 공업고도화계획, 장기 전원개발계획, 국민복지 향상을 위한 사회간접자본 확장계획 등에서 집약되는 이수·치수·에너지면의 국가 수요를 충족시키기 위해 국고와 외국차관을 뼈대로 수자원 종합개발이 촉진되고, 바야흐로 댐 건설이 경제개발의 기둥으로 등장하는 시기이다. 이 기간에는 댐 건설의 양적 팽창과 더불어 댐 건설기술면의 질적 향상에도 많은 진전을 이룩하였다. 전천후 농업기반 조성을 위하여 장성댐(높이 36m, 록필댐, 1976)을 비롯하여 무려 358개의 관개용 댐이 건설되고, 공업 생산기반 조성과 국민 생활수준 향상을 위한 용수공급을 목적으로 동복댐(높이 45m, 콘크리트표면 차수형 록필댐, 1985) 등 49개의 생활·공업용수용 댐이 건설되었다. 또한, 에너지원개발을 위하여 춘천댐(높이 40m, 중력식 콘크리트댐, 1965) 등 9개의 수력개발 전용 댐이 건설되었다. 그 가운데 청평양수발전소 본댐(높이 62m, 록필댐 1980) 등 4개 댐은 양수발전용이다.

그러나 가장 특별한 사항은 제3기에 특정다목적댐법의 제정(1963)에 따른 다목적댐의 등장이다. 1973년 록필댐으로 준공한 높이 123m, 길이 530m, 부피 960만m^3, 총저수용량 29억m^{3}의 소양강다목적댐을 비롯하여 10개의 다목적댐이 건설되었다. 1966년 4월 23일 특정다목적댐법을 제정, 공포함으로서 수자원 개발체제로 정비되었다. 법제 정비에 따른 다목적댐 개념의 등장과 함께 북한강 유역의 소양강댐(1967~1973), 낙동강 유역의 안동댐(1971~1976), 금강 유역의 대청댐(1975~1980), 남한강 유역의 충주댐(1978~1985), 낙동강 유역의 합천댐(1983~1989), 섬진강 유역의 주암댐(1983~1991), 낙동강 유역의 임하댐(1984~1992) 등의 대규모 댐이 건설되어 수해와 한해의 극복과 각종 용수 공급 및 수력발전에 기여하고 있다. 특히 1985년 중력식 콘크리트댐으로 준공한 충주다목적댐은 높이 98m, 길이 447m, 부피 90만m^3, 총저수용량 28억m^{3}로서 댐 규모 및 댐 기술개발면에서 소양강다목적댐과 더불어 우리나라 댐의 쌍벽을 이루고 있다.

20세기 초반 콘크리트댐이 득세한 반면, 필댐은 소규모댐으로만 명맥을 유지하였다. 우리나라에서도 높이 20m 내외의 소규모댐은 대부분이 흙댐, 즉 필댐으로 건설되었다. 그것은 당시의 필댐은 설계이론이 명확하지 않을 뿐더러 홍수처리에도 문제가 있었기 때문이다. 그러나 그 뒤 토질역학의 눈부신 발전과 시공기술의 진보, 대형 건설기계의 출현, 수문통계학의 발달로 안전한 홍수처리시설의 설계가 가능하게 됨에 따라서, 1950년대부터 국제적으로 많은 필댐이 건설되었다. 캐나다의 마이카댐(MicaDam, 높이 242m, 1972), 러시아의 로간댐(높이 335m, 1986)의 건설을 계기로 바야흐로 20세기 후반은 필댐의 개화기를 맞이하게 되었다. 우리 나라에서도 근대적 필댐으로 건설된 소양강다목적댐을 전환점으로 많은 대규모 필댐이 1970~1980년에 건설되었다.

4.2.2 댐의 기능과 문제점

댐은 원래 하천의 물을 막아 수위를 상승시켜 물을 이용하기 용이하게 하려고 만들어졌고, 현재도 이러한 취수를 목적으로 하는 취수댐이 많다. 그러나 진정한 댐의 기능은 하천에 물이 많은 풍수기(豊水期)에 물을 저장했다가 하천에 물이 부족한 갈수기에 사용하는 하천유량 조절기능이라고 하겠다.

연중 사계절을 통하여 풍부한 유량이 흐르는 하천이라면 조절기능을 보유하는 댐을 만들 필요가 없고, 대신 소규모의 취수용 댐과 수로만 가지면 쉽게 하천수를 활용할 수 있기 때문이다. 그리고 하천 연안에 피해를 가져오는 홍수를 댐이 보유하는 공간에 잡아 놓아 홍수량을 감소시키는 기능과 댐에 의하여 수력발전용 낙차를 조성하는 등의 기능도 댐의 중요한 기능이라고 하겠다.

우리나라는 연간 1,274mm의 강수로 세계의 평균치 970mm의 약 1.3배이나 인구 1인당 강수량은 3,000m^{3}으로 세계 평균 3만 4000m^{3}의 약 11분의 1에 불과한 실정이며, 연 강수량의 3분의 2가 6~8월에 집중되는 기후 특성과 국토의 대부분이 험준한 산지이므로 홍수가 빠른 속도로 단숨에 바다로 빠져 나가는 지형특성 때문에 하천유량의 계절적 진폭이 세계의 어느 나라보다도 극심하다. 그러므로 수자원을 이용하는 면이나 홍수를 방어하는 면에서 다른 나라와 비교하여 불리한 조건을 가지고 있다. 이러한 특징을 가진 하천을 다스리고 수자원의 고도이용을 위하여는 세계 어느 지역보다도 댐에 의한 하천유량의 인공적 조절이 절실하며, 그것도 하천유량의 진폭이 큰 만큼 큰 규모의 댐을 만들어야 하는 문제점을 안고 있다.

한편, 우리나라 하천은 하상구배(河床勾配: 강바닥의 기울기)가 급하기 때문에, 같은 저수용량을 가진 댐을 만들기 위하여 일본보다는 덜하나, 대륙에 비하여 높은 댐을 만들어야 하는 부담을 안고 있다. 뿐만 아니라, 댐으로 인한 수몰 보상규모가 근래 기하급수적으로 증가하는 추세에 있어, 큰 규모의 댐 건설이 점차 어려워지는 상태에 놓여 있다.

우리나라 댐 건설의 또 한 가지 문제점은 좁은 국토면적에 비해 강수량이 지역적으로 즉 공간적인 변화가 매우 크다는 점이다. 따라서 각 지역에 원활한 용수를 충족시키기 위해서 대규모 댐을 건설하여 수계와 수계를 연계하는 광역용수 공급체계를 확립함과 동시에, 용수 수요지와 가까운 적지적소에 하천의 조절기능을 갖춘 다수의 중규모댐 건설이 필요하다.

4.2.3 댐 건설이 환경에 미치는 영향

댐 건설이 환경에 미치는 영향은 긍정적인 면과 부정적인 면이 있다. 댐은 하천유량을 조절하여 각종 용수를 공급하고 발전을 하며 홍수를 제어하여 경제발전에 기여하고, 댐 주변의 수려한 경관과 저류수면을 이용한 각종 위락시설은 국민생활에 활기를 불어넣어 주는 등, 댐 건설의 긍정적인 면은 매우 많은 편이다.

그러나 자연환경・생활환경 및 사회・경제 환경에 미치는 댐의 부정적인 영향이 최근 댐의 수가 늘어나고 규모가 커져 저류수 면적이 확대됨에 따라 점차 증대되고 있다. 팔당댐・대청댐 및 영산강 하구언에서는 부영양화현상(富營養化現象)으로 인한 수질오염문제가 대두되고 있다.

환경에 미치는 댐의 부정적 요인을 줄이기 위한 대책은 다음과 같다. 첫째 저수지 수면적 증가에 따른 기상 변화에 대한 대응책, 둘째 댐 공사에 의한 지형파괴・산림훼손지역의 조림・사방사업 등 자연환경의 복원책, 셋째 저수지 내의 정체수역 발생에 의한 탁수의 장기화와 플랑크톤(plankton)의 이상 발생에 따른 부영양화 등 호수의 수질오염 방지를 위한 댐 상류지역의 오염물질 배출 억제책, 넷째 수몰민의 생활기반 상실에 대한 충분한 보상과 이주정착사업의 제도화 등이다.

1981~2001년의 수자원 장기종합개발 기본 계획에 따르면 21세기 초의 우리나라 총 용수수요는 337억m^3로서 그 중 150억m^3는 댐에서 공급하도록 되어 있다. 1986년 말에는 댐으로부터 수자원의 공급량은 58억m^3이므로 부족량 92억m^3를 1987~2001년에 신규로 건설되는 댐에서 공급해야 하는 것이다. 수자원 장기종합계획(1997~2011, 건설교통부)에 따르면 2011년의 총 용수수요량은 연 3,667백만m^3이고 총 용수공급량은 연간 34,662백만m^3이므로 부족량은 댐의 건설 등을 통하여 확보해야 할 것이다. 용수 부족량을 댐 건설을 통하여 확보하기 위해서는 새로운 댐 기술이 개발되어야 한다. 댐 공사비가 저렴하고 양호한 댐 지점은 점점 감소하는 추세이므로, 지형・지질면에서 불리한 지점에도 댐을 건설하려면 필댐이 더욱 많이 건설되어야 하겠고, 중력식 콘크리트댐도 콘크리트를 진동식 로울러로 다지는 RCD공법이 개발되어야 할 것이다.

댐 규모면에서도 고려해야 할 문제가 있다. 1960~1980년의 댐 건설은 대도시·대규모 공업단지·대단위농업개발 등 기간·중점 개발과 연계하여 대규모 댐을 지향하였다. 그러나 그 후에는 지역간·산업간·소득계층간의 불균형을 해소하기 위해 국토개발정책도 지역 간 균형개발을 정책의 기조로 삼게 되어, 수자원의 개발도 대량용수 수요지역 중심에서 지방 도시 중심으로 전환해야 할 것이므로, 2000년대는 중규모의 다목적댐 위주로 개발될 예정이며, 따라서 앞으로는 환경을 고려하는 친환경적인 개발에 역점을 두어야 할 것이다.

4.2.4 다목적댐 건설의 개선

최근 우리나라의 도시화 및 개발로 강우의 집중화 등에 따른 도시형 홍수가 빈번하게 발생하고 있으며, 기후변화에 따른 대규모 홍수 및 집중호우도 발생하고 있으므로 지금까지의 하천관리를 치수사업을 위주로 한 선형시스템에서 유역전체를 고려한 면적시스템으로 전환하고 있다. 면적시스템에는 다목적 댐의 건설, 하천의 정비 및 개수사업 등 구조적인(하드웨어) 대책과 홍수 예·경보 시스템, 수방관리체제, 풍수해보험, 교육, 홍보 등과 같은 비구조적인(소프트웨어) 대책이 수립 시행되어야 함과 동시에 유역내의 보수, 유수기능 유지를 위한 유역대책을 고려한 종합적인 치수대책이 필요하다.

향후, 홍수에 대한 계획에서는 하천의 주요 3가지 기능인 이수, 치수, 환경을 종합적으로 고려함과 동시에 최근의 집중호우와 같은 설계규모를 초과하는 홍수에 대해서도 대책의 수립이 필요하다.

4.3 우수억제시설

최근 우리나라의 도시화 및 산업화에 따른 포장면적(불투수성면적)의 증가는 이전의 자연 상태에서 지표면이 가지고 있는 침투, 침류, 차단, 저류 등의 기능을 사라지게 하는 원인이 되었다. 하천의 하도는 콘크리트 제방과 직선화로 홍수량의 증가와 함께 하천으로의 우수 유입속도도 매우 빨라져 침수피해의 원인이 되기도 한다. 또한, 인구의 급격한 도시집중에 따른 대규모 택지개발이나 각종 시설물이 하천의 범람지역이나 침수피해 우려지역인 저지대에까지 건설되고 있어 피해가 가중될 우려가 높다. 이를 예방하기 위해서 유역단위의 종합적인 치수대책이 필요하며, 이에 대한 정리는 표 4.1에 설명되었다.

표 4.1 유역단위 종합치수대책

구조적 대책				비구조적 대책		
치수시설정비		우수유출억제시설 정비				
하천	하수시설	저류시설	침투시설			
하천정비 및 개수, 배수지 설치 등	관로 및 펌프시설 정비, 우수조정지 설치 등	우수저류시설 설치 등	침투매설관 설치, 투수성 포장 활용 등	적절한 토지이용계획	홍수 예·경보시스템 등 수해방지체제	홍보, 교육, 풍수해보험 등

4.3.1 우수유출저감 시설

우수유출저감 시설은 행정안전부에서 고시한 정의로『자연재해대책법』 제19조 및 동법 시행령 제16조에 의거 강우 시 우수의 직접 유출을 억제하기 위하여 인위적으로 우수를 지하에 침투시키거나 저류시키는 시설을 말한다. 즉, 우수의 직접유출량을 저감시키거나 첨두유출 시간을 지연시키기 위하여 설치하는 시설을 "우수유출저감 시설"이라 한다.

우수유출저감 시설은 우수를 일정한 시설에 저장하였다가 홍수 및 호우가 지난 후에 방류하는 저류형 시설과 우수가 지표면이나 배수로를 통한 유출 시 지표면 아래로 스며들게 하는 침투형 시설로 분류되는데, 저감 목표에 따라 다음과 같이 크게 두 가지로 분류가 되기도 한다.

(1) 현 시점에서 발생하는 초과우수유출량을 저감시키기 위한 시설

이와 같은 시설은 대부분 공공목적으로 설치되며, 지역 외(Off Site) 저류시설의 형태로 설치되는 것이 일반적이다. 또한, 해당 배수구역의 홍수유출 해석에 의하여 시설 규모를 결정하는 것이 일반적인 방법이다. 지역 외 저류시설은 배수구역내 저지대의 침수를 방지하기 위한 공공의 목적으로 설치되는 경우가 많으므로, 다음의 사항을 반드시 고려하여 계획하여야 한다.

① 비용대비 최대 효과를 얻을 수 있어야 함.
② 설치 가능한 최적 장소가 선정되어야 함.
③ 배수구역내 다른 홍수방어시설과 연계될 수 있어야 함.
④ 개발로 인하여 증가되는 우수유출량을 상쇄시키기 위한 시설

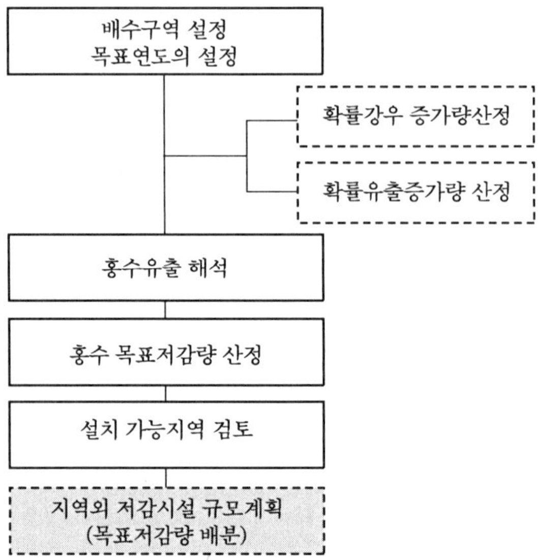

그림 4.2 지역 외 저류시설 계획 절차

(2) 개발로 인하여 증가되는 우수유출량을 상쇄시키기 위한 시설

지역 내(On Site) 저류시설의 형태로 설치되는 것이 일반적이며, 홍수유출 해석 없이 개발로 인한 우수의 직접유출 증가량을 당해지역에서 저류 또는 침투시키는 것이 일반적인 방법이다.

지역 내 저류시설은 불투수면적 증가에 따른 우수의 직접유출 증가량의 계산이 가능할 경우 이에 따라 설치규모를 결정할 수 있으나 그렇지 않은 경우 지역 내 저류시설은 다음과 같이 계획한다. 즉 지역 내 우수유출저감 시설의 계획은 다음사항을 고려하여야 한다.

① 해당지역의 개발로 인한 유출계수 증가량
② 해당지역의 확률강우량
③ 해당지역의 경사도 및 하부지반의 침투능(침투시설의 경우)

지역 내 저류시설은 불투수면적 증가에 따른 우수의 직접유출증가량 계산이 가능할 경우, 이에 따라 설치용량을 결정할 수 있으나 그렇지 않은 경우 지역 내 저류시설은 다음과 같이 설치규모를 결정하도록 한다.

① 저류시설은 불투수면적 증가면적의 0.05m를 곱한 규모 이상의 용량을 최소한의 저류공간으로 확보하여야 한다.

② 침투시설의 경우 최소 설계침투강도 15~20mm/hr를 만족하도록 설치되어야 한다.

③ 타법 또는 자치단체의 조례로 설치용량이 명기된 경우 이를 우선하여 따르도록 한다.

즉, 우수유출저감 시설은 저감방법에 따라 저류시설과 침투시설로 구분하는데, 저류시설은 사용용도, 설치위치 및 연결 형태에 따라 다음과 같이 구분된다.

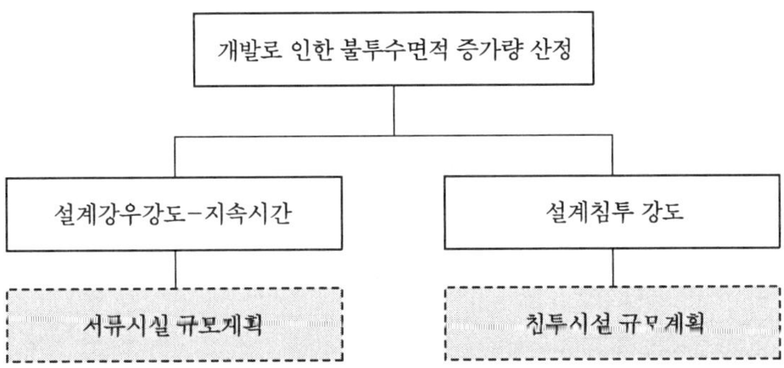

그림 4.3 **지역 내 저류시설 계획절차**

① 사용용도 : 침수형 저류시설(평상시 일반적인 용도로 사용되나 폭우 시 우수가 차오르도록 고안된 시설을 지칭한다. 공원, 운동장, 주차장 등 상대적으로 저지대에 배치된 공공 시설물이 이에 해당), 전용 저류시설(평상시 빈 공간으로 유지되며, 강우 시 우수를 저장하기 위한 목적으로 인위적으로 설치된 시설을 말한다. 지하저류지 등이 이에 해당)

② 설치위치 : 지역 내(On Site)저류시설(해당지역에서 발생한 우수유출량을 해당지역에서 저류할 수 있는 시설), 지역 외(Off Site)저류시설(해당지역 및 해당지역 외부에서 발생한 우수유출량을 해당지역에서 저류할 수 있는 시설을 지칭한다. 관거와의 연결형식에 따라 관거 내(On Line)저류시설, 관거 외(Off Line)저류시설로 구분)

③ 연결형태 : 하도 내(On Line)저류시설, 하도 외(Off Line)저류시설

침투시설이란 우수의 직접유출량을 감소시키기 위하여 지반으로 침투를 용이하게 고안된 시설을 지칭하며, 대부분 당해지역(On Site)에서 발생한 우수 유출량을 해당 지역에서 침투시킬 수 있도록 설치된다.

저류시설 종류로는 쇄석공극 저류시설, 운동장 저류, 공원저류, 주차장저류, 단지 내 저류, 건축물 저류, 공사장 임시저류지, 유지·습지 등 자연형 저류시설이 있다.

침투시설로는 침투통, 침투측구, 침투트렌치, 투수성 포장, 투수성 보도블럭 등이 있다. 우수유출저감 대책수립에는 다음 사항을 포함하여야 하며 기본계획절차 표 4.2와 같다.

① 배수구역의 설정, 목표연도 설정
② 목표연도 확률강우량 결정 (확률강우량 증가추이 적용)
③ 목표연도 불투수면적 비율 결정 (불투수면적 증가추이 적용)
④ 홍수유출해석 (우수유출 목표 저감량 결정)
⑤ 설치가능 지역의 검토
⑥ 저감시설 규모계획 (목표 저감량 배분)
⑦ 불투수면적 증가에 따라 증가하는 우수의 직접유출량 저감을 위한 저류 및 침투량 결정

표 4.2 우수유출저감 시설 기본계획 절차(2018년 행정안전부 고시)

1	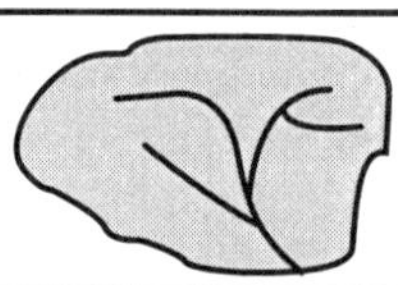	• 배수구역 설정 • 목표연도 설정
2	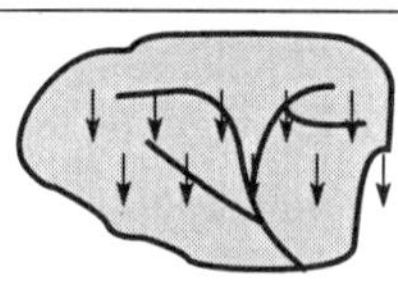	• 확률강우량 증가 추이 결정 – 목표연도 확률강우량 결정
3		• 불투수면적 증가계획(추이) 산정 – 목표연도 불투수면적비율 결정
4	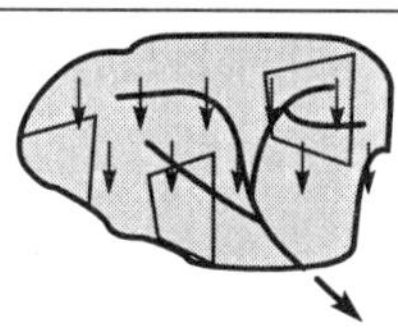	• 홍수유출해석 – 목표연도 확률강우량, 불투수면적비율 적용 – 목표 저감량 결정
5	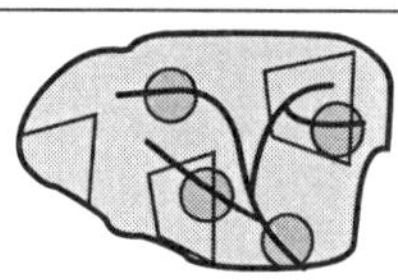	• 설치가능지역 검토 – 지역 외 저류시설 선정 기준 적용
6	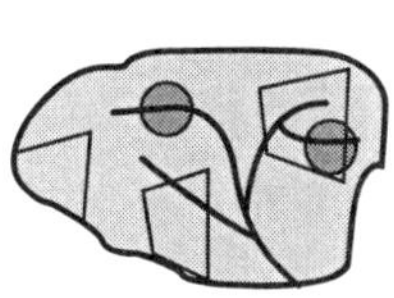	• 지역 외 저류시설 규모계획 – 목표 저감량 배분 – 연결 관거, 하도에 따른 계획 – 유입 : 50년 빈도 이상 – 유출 : 연결 관거 설계빈도에 맞도록 계획

4.3.2 우수유출저감 시설의 효과

(1) 지하수 함량 및 수자원확보

지표의 우수를 침투시켜 중요한 수자원인 지하수의 함양량을 증가시킨다. 지표유출을 저감시킴과 동시에 도달시간을 지체시켜 홍수 및 집중호우 시 피해를 저감 시킬 수 있다.

(2) 침수피해 및 수질오염 예방

상습침수지역 해소에 기여한다. 지하수 유출로 전환되어 하천으로 유출되므로 하천의 혼탁한 오염도를 저감 시킬 수 있다.

(3) 평시 하천유량 감소방지 및 수질오염예방

우기가 아닌 평시에도 침투시설 및 저류시설을 활용하여 하류부 하천으로 우수를 계속 공급할 수 있으므로 평시 및 갈수기에 하천유량확보가 되며, 이러한 사항은 하천의 오염방지에도 기여한다.

(4) 지반침하 방지

치하수의 함양량을 높여 지하수위의 저하로 인한 지반침하를 방지할 수 있다.

(5) 식생고갈 방지

지하수량의 확보로 식생의 고갈을 방지할 수 있다.

(6) 염수의 침입방지

바다에 인접한 지역이나 도서지역에서 지하수의 고갈 시 해수의 유입이 진행되는데, 이를 염수의 침입이라고 한다. 지하수의 함양량이 커지면 이와 같은 해수의 침입을 근본적으로 방지할 수 있다.

(7) 단지 및 부지내의 수처리 시설 규모 확대 방지

저감 시설의 설치로 유역이나 단지 등의 지역이 침수되는 것을 방지하고, 저류시설의 물을 확보함으로써 단지나 부지 내에 별도의 수처리 시설을 설치하지 않아도 원활한 물공급이 가능하다.

기타 도시의 우수 유출 억제 시설 및 효과를 정리하면 다음과 같다.

(1) 도시의 녹지화

나무를 많이 심고 녹지 면적을 높이면 비가 올 때 우수가 땅속에 스며들어서 홍수 피해를 저감 시킬 수 있다.

(2) 우수의 주택 및 빌딩 등에서의 생활용수 활용

일반가정집 이나 상가 및 빌딩 등에서 소규모 탱크를 설치하여 우수를 저장하였다가 세척, 식생 등 잡용수와 같은 생활용수로 사용 할 수 있다.

(3) 저류시설의 확대

도시전체의 강우 시 댐, 정수용 저류시설을 확대하는 효과로 우기 시 저류하고 갈수기시 방류하는 시스템을 구축 하여 하천에는 지속적이고 안정된 하천유량 및 수위를 확보하게 할 수 있다.

되짚어보기

1. 우리나라가 치수에 어려움을 겪는 자연조건을 설명하시오.
2. 하천법에 따른 댐의 크기와 정의를 쓰고 전용댐과 다목적댐의 차이를 설명하시오.
3. 댐의 기능과 댐 건설로 인한 문제점을 설명하시오.
4. 발전용수에서 수력발전 방식을 분류하고 각 방식에 대하여 설명하시오.
5. 다목적댐(대규모 댐)의 건설에 대한 개선사항을 설명하시오.
6. 유역단위 종합치수대책을 설명하시오.
7. 우수유출저감 시설의 정의와 저감 목표에 따라 분류하고 각각을 설명하시오.
8. 우수유출저감 시설 중 저류시설에서 사용용도에 따라 분류하고 사례와 함께 설명하시오.
9. 우수유출저감 시설 기본계획절차 6단계를 설명하시오.
10. 우수유출저감 시설의 설치로 인한 효과를 설명하시오.

제5장

물 환경

제5장 | 물 환경

5.1 수질오염

환경공학 등 환경에 대한 이야기를 할 경우 수질오염과 대기오염 분야로 나뉘게 된다. 여기에서 우리는 물을 다루고 있으므로 수질오염에 대하여 정리하였다.

5.1.1 수질오염의 정의

인위적인 요인에 의하여 수질이 자연수의 성격을 상실한 상태, 즉 인간 활동에 의하여 발생하는 오염물질이 지표수나 지하수에 유입하여 수질의 저하를 초래하고 수자원 이용이나 생태계를 파괴하는 현상을 말한다.

자연수의 특징은 물리적으로 부유물질, 악취, 거품, 색깔이 없으며, 수온이 주위의 온도와 유사하고, 화학적으로 생물에 필요한 적당한 산소와 무기질이 녹아 있고, 독성이 없으며, 생물학적으로는 동식물의 생활과 서식을 위해 생태적으로 안정된 물이다. 수질오염은 이러한 자연수가 가지고 있는 물리적·화학적·생물학적 특성이 자연적 또는 인위적 요인에 의해서 분해됨으로써 물이용 상의 지장을 초래하거나 환경의 변화를 야기하여 수중 생물에 영향을 주는 상태로 변화하는 것으로서, 좁게는 주로 사람이나 동물의 배설물에 의하여 병원성미생물 또는 기생충 등이 인체에 수인성 감염증을 일으키거나 공중 보건상 위해를 일으키는 등 수질이 악화되는 것을 말한다. 넓게는 자연적 또는 인위적으로 수중에 부패성 물질, 유독성 물질 및 부유 물질 등 물 이외의 이물질이 혼입됨으로서 생활, 농업, 공업, 수산 등의 용수 목적에 나쁜 영향을 주는 상태를 말한다.

5.1.2 수질오염원의 종류

수질오염원은 오염 물질의 배출지점을 확실히 식별할 수 있는 점오염원(point source)과 배출지점을 확실하게 식별할 수 없거나 확산되면서 오염을 일으키는 비점오염원(non-point or diffuse source)으로 구별된다. 점오염원은 생활오염원, 산업오폐수, 축산폐수 등이며, 비점오염원은 강수에 의한 유출로 넓은 면적에서 발생하는 특징을 지니고 있는데, 발생영역으로는 대기 및 강수, 산지, 농지, 도시권 등이 있다.

생활하수로 발생하는 하천오염은 당연히 지방의 작은 마을보다 인구가 집중된 도시에서 더욱 심각하다. 가정에서 배출되는 가정오수(목욕, 세안, 부엌 등에서 발생하는 합성세제 오수 등)와 상업시설 및 각종 공공기관에서 배출되는 오폐수, 각종 음식 찌꺼기, 세탁으로 인한 각종 폐수, 화장실에서 배출되는 분뇨가 대부분이다. 수질오염의 가장 큰 원인으로 간주되고 있는 실정인데, 인구가 증가 또는 도시로의 집중화에 따라 생할하수로 인한 문제는 더욱 증가할 것이다.

산업폐수는 생산시설의 종류에 따라 발생되는 오염물질이 달라진다. 각종 중금속을 비롯하여 고농도의 유기성 물질, 고도처리를 요하는 난분해성 물질 등을 배출한다. 특히 중금속 함유 폐수는 생물농축(bio · magnification)과정에 의해 결국 인간에게 되돌아와 환경질환이나 공해병을 일으키게 된다. 도금공장에서는 크롬산 폐수, 시안 폐수, 아연, 니켈, 구리 등의 중금속과 유독물질이 발생하며, 합성세제 생산시설에서는 세정작용을 하는 계면활성제로써 경성세제(ABS)를 제조하는데 세제에 의한 폐수는 용해되지 않아 물에 잔류하면서 수질을 오염시키고 수면에서는 피막현상을 발생시켜 산소의 용해와 태양광선을 차단시켜 수중생물을 고사시킨다. 주된 산업폐수 발생원은 피혁 금속, 섬유, 펄프, 광산 등이다.

축산폐수는 유기 물질 함량이 높아 발생량에 비해서 수질오염 부하량이 매우 크다. 가축 1마리당 배출되는 오염 물질이 보통 사람의 10배 이상이다. 더욱이 축산시설물들이 상수원 가까이에 위치하면 피해가 더욱 커진다. 또한 농지에 퍼진 축산분뇨는 우천 시 하천을 오염시킬 뿐 아니라 악취나 해충피해 및 세균의 서식처로서 쾌적한 생활환경을 저해하고 전염병의 근원이 된다.

식량 증산을 위해 사용되는 비료와 농약(살충제와 제초제 등) 중에서 분해되지 않는 잔류성 화합물은 중금속과 마찬가지로 토양을 오염시키고 생물체로 흡수되는데 결국 인간의 신체에 축적되어 만성적인 중독 현상을 발생시킬 수 있다. 농업폐수는 비점오염원으로서 뚜렷하게 방지대책을 세울 수 없는 것이 가장 큰 문제이다.

5.1.3 수질오염 측정지표 및 항목

수질오염의 정도를 측정하는 지표로는 BOD(생물학적 산소요구량), COD(화학적 산소요구량) 그리고 부유 물질을 들 수 있다.

BOD(BiochemicalOxygenDemand)는 수질오염의 측정에서 가장 많이 사용되고 있는 지표로서, 수중의 유기물질(오염물질)을 미생물에 의해 호기성(好氣性, 산소를 계속 요구하는 성질) 상태에서 무해한 상태로 분해하여 안정시키는 데 요구되는 산소의 양을 의미한다. 단위는 주로 ppm(mg/L)으로 표시하며 수질오염이 심할수록 BOD의 수치가 높아진다. BOD 1mg/L 수준은 매우 깨끗한 상태로써 1급의 상수원수로 이용이 가능하고 3mg/L까지는 연어가 살 수 있고, 5mg/L까지 농업용수로 사용이 가능하지만, 10mg/L이상이면 불쾌감을 주고 공업용수로도 사용이 불가능하다.

COD(ChemicalOxygenDemand)는 수중의 유기물을 화학적으로 산화시킬 때 필요한 산화제의 양을 산소의 양으로 환산한 것으로 BOD와 마찬가지로 폐수 내의 유기물을 간접적으로 측정하는 방법이다. COD 측정에 주로 사용되는 산화제는 과망간산칼륨(KMnO4), 중크롬산칼륨(K2Cr2O)등이다.

부유물질(suspendedsolids)은 물에 녹지 않고 수중에 현탁되어 있는 유기물과 무기물을 모두 포함한 고형 물질로서 여과기에서 여과되지 않고 남는 부분을 말한다. 침전 가능한 것과 침전 불가능한 것이 있는데 후자는 콜로이드(colloid, 현탁액) 상태의 미소립자이기 때문에 응집이나 생물학적 산화처리를 하지 않으면 제거하기 힘들다. 표5.1에는 대표적인 수질오염 측정항목을 정리하였다.

5.1.4 수질오염의 형태 및 영향

부영양화(富營養化, eutrophication)는 필요한 적정량 이상의 유기물, 질소화합물, 인산염이 물속에 과도하게 축적되어 자연정화로는 제거될 수 없는 과잉영양 상태를 의미하며, 수질악화로 인해 나타나는 대표적인 현상이다. 자연 상태에서는 호수의 노화 현상으로 나타나지만, 인간 활동의 영향으로 호수·하천·바다 등에 과도한 수질오염 물질이 투입되고 이에 따라 식물성 플랑크톤의 빈번한 발생과 호기성 세균류의 발생 등으로 인하여 용존산소가 감소되면서 수질이 악화되어 발생한다.

물이 오염되면 유기성 물질, 세균 등이 증가하므로 이를 영양원으로 하는 생물인 원생동물도 따라서 증가하면서 광합성을 하는 식물계는 상대적으로 감소하게 된다.

산소농도가 낮은 곳에서도 메기나 잉어 등을 볼 수 있으나, 오염이 더욱 심해지면 세균이나 곰팡이 이외의 다른 생물은 보기 힘들다.

수질오염에 의해서 어패류나 식물 등이 직접 피해를 받는 외에 사람이 직접 피해를 받거나 오염된 어패류, 기타 식물에서 간접적으로 피해를 받는 경우가 있다. 유독물질에 의한 피해는 급성과 만성으로 나눌 수 있는데 급성피해의 확인은 용이하지만, 만성피해는 조금씩 축적되어 서서히 나타나게 된다. 수은에 의한 미나마타병, 카드뮴(Cd)에 의한 이따이이따이병은 그 대표적 만성피해의 예이며, 최근에는 농약에 의한 만성 피해문제가 중대한 문제로 제기되고 있다.

오염 물질의 배출원은 주로 가정 하수와 산업 폐수이며, 산성비도 주요 수질 오염원의 하나이다. 축산 폐수는 물론, 농경지에서 유입되는 비료와 농약 성분 등에 의한 수질 오염도 심화하고 있다.

표 5.1 대표적인 수질오염 측정항목

항목	정의
pH(수소이온농도)	1~14로 구분함. pH 7 중성/pH 7 이상 알칼리성/ pH 7 미만 산성
DO (용존산소량, Dissolved Oxygen)	수중에 용해되어 있는 산소의 양/어류의 경우 최소 DO는 8ppm
BOD(생화학적 산소요구량, Biochemical Oxygen Demand)	수질오염의 측정에서 가장 많이 사용되고 있는 지표로서, 수중의 유기물질(오염 물질)을 미생물에 의해 호기성(好氣性, 산소를 계속 요구하는 성질) 상태에서 무해한 상태로 분해하여 안정시키는 데 요구되는 산소의 양을 의미
COD(화학적 산소요구량, Chemical Oxygen Demand)	수중의 유기물을 화학적으로 산화시킬 때 필요한 산화제의 양을 산소의 양으로 환산한 것으로 BOD와 마찬가지로 폐수 내의 유기물을 간접적으로 측정하는 방법
수온(water temperature)	수온은 측정하기 쉽고 주위와 유사한 온도를 보이지 않을 경우 수질오염에 미치는 영향을 판단하는 기준/발전소 냉각수 방류지역의 열오염
SS(부유물질, Suspended Solids)	물에 녹지 않고 수중에 현탁되어 있는 유기물과 무기물을 모두 포함한 고형 물질로서, 여과기에서 여과되지 않고 남는 부분

하천의 경우 스스로 정화하는 자정 작용(오염된 물이 시간이 지나면서 자연적인 작용을 통해 스스로 깨끗해지는 현상. 희석, 확산, 침전 등의 물리적 작용과 수중 미생물에 의한 생물·화학적 작용으로 구분)이 있으나, 환경 용량 즉, 하천이 오염 현상을 나타내지 않고 받아들일 수 있는 오염 물질의 양으로, 자정 능력의 크기를 나타낸다. 수온, 용존 산소량, 강바닥의 기울기, pH, 일사량 등에 의해 달라진다.

표 5.2 점오염원과 비점오염원

구분	점오염원	비점오염원
배출원	공장, 가정 하수, 분뇨 처리장, 가두리 양식장, 축산 농가	대지, 논, 밭, 임야, 도로, 대기 강하 물질
특징	• 인위적 • 배출 기능만 수행	• 인위적 및 자연적 • 배출 기능과 정화 능력의 양면성
	• 배출 지점이 명확 • 수역의 한 지점에 집중적 배출 • 차집이 용이하고, 처리 효율이 상대적으로 높은 편 • 자연적 영향이 적어서 계절적인 변화가 크지 않음	• 배출 지점이 불명확 • 희석, 확산되면서 넓은 지역으로 배출 • 차집이 어렵고, 강우의 영향을 받아 처리 효율이 일정하지 않음 • 자연적인 영향을 받아 계절에 따른 변화가 심함

수질오염물질을 정리하면 다음과 같다.

(1) 유기 물질

- 생활하수, 유기성 산업 폐수, 축산 폐수 등에서 나오는 물질로, 탄소를 비롯한 여러 물질로 구성된다.
- 물에 들어가면 미생물에 의해 분해되면서 물속의 산소를 소모하고, 메탄이나 황화수소 등의 가스가 발생한다.

(2) 영양 염류

- 비료, 축산 폐수 등에서 나오며, 식물 생장에 필요한 영양소를 제공하는 질산염, 인산염 등이다.
- 유기 물질이 많은 하수나 비료가 섞인 농업 폐수가 흘러들어 오면 플랑크톤이 지나치게 증식하여 물을 오염시키는데, 이를 부영양화라고 한다.

부영양화란 하천이나 호수에 영양 염류나 유기 물질이 과도하게 유입되어 발생하는 수질 악화 현상을 말한다. 유입된 영양 염류나 유기 물질은 미생물과 조류(식물성 플랑크톤 포함)의 영양분이 되어 수중 생태계의 생산자가 크게 증가하고, 먹이 사슬에 의해 1차 소비자인 동물도 증가하며, 이들의 사체가 하천이나 호수 밑바닥에 퇴적됨으로써 유기 물질이 더욱 증가한다. 이렇게 퇴적된 유기 물질과 유입된 유기 물질을 미생물이 분해하기 시작하면 물속의 용존 산소를 대량으로 소비하게 된다. 한편, 조류가 급격히 증식하면 물의 색깔이 변하는데, 이를 적조라고 하며, 원인이 되는 생물종에 따라 물의 색깔이 붉은색, 녹색, 갈색을 나타낸다. 하천이나 호수와 같은 지역에서는 주로 녹색을 나타내어 녹조, 바다와 같은 염수에서는 붉은색을 보여 적조라고 한다.

(3) 합성 유기 화합물

- 산업 폐수, 생활하수의 세제, 농약 등에서 나오며, 페놀, 염화비닐, 클로로폼 등 종류가 다양하다.
- 합성 세제는 미생물에 의한 분해가 어려우며, 물 위에 거품막을 만들어 산소가 녹아들지 못하게 하고, 햇빛을 차단한다.
- 합성유기화합물의 인 성분은 부영양화를 발생시키는 주요 원인이다.

(4) 중금속과 무기 물질

- 주로 산업 폐수와 광산 폐수에서 나오며, 의약품 폐수에서도 발생한다.
- 산업 폐수에는 산, 염기, 금속 등이 자주 발견되며, 타르나 미세한 분진이 섞이기도 한다.
- 광산 내의 물이 대부분 중금속을 포함하고 있기 때문에 물이 하천에 유입되면 피해를 주는데, 중금속 수질 오염 사례로는 다음과 같은 대표적인 경우가 있다.

① 미나마타병(수은 중독)

수은은 중추 신경계를 마비시키고, 신장의 기능장애를 일으킨다. 1950년대 일본 구마모토 현의 미나마타 시 소재질소 비료 공장에서 배출된 유기 수은 화합물이 어패류에 농축되고, 어패류를 먹은 사람들에게 농축되어 수족 경련, 두통, 기억력 감퇴, 신장 장애, 신경계 장애 등을 일으켰다. 1983년까지 2000여 명의 환자가 발생하여 600여 명이 사망하였다.

② 이타이이타이병(카드뮴 중독)

1910년경 일본 도야마 현의 미쓰이 광업은 폐광석을 진쯔 강 주변에 파묻었는데, 얼마 뒤부터 강 주변의 주민들에게 팔, 늑골, 골반, 대퇴골 골절 현상이 나타나기 시작했다. 주민들 중에는 기침만 해도 골절될 정도로 뼈가 약해지거나 위축되어키가 20cm나 작아진 경우도 있다. 처음에는 비타민 C 결핍으로 잘못 이해되었으나, 1955년 공해병으로 인정되었고, 1968년 폐광석에서 유출된 카드뮴 중독이 원인으로 밝혀졌다. 1983년까지 100여 명의 환자가 발생하여 80여 명이 사망하였다.

(5) 병원성 미생물

- 콜레라, 장티푸스, 이질 등 수인성 전염병은 동물과 사람의 체액이나 배설물을 통해 물을 오염시켜 물을 통해 전파된다.

(6) 방사성 물질 및 열 폐수

- 우라늄 광석 처리 과정이나 원자력 발전소의 냉각수 등에서 발생한다.
- 원자력 발전소의 냉각수인 온폐수는 주변 해역의 수온을 높이고, 용존 산소를 감소시킨다.

(7) 기름

- 수면에 기름막이 형성되면 빛의 투과율과 용존 산소를 감소시켜 어패류의 호흡에 지장을 주며, 상품 가치를 떨어뜨린다.
- 유조선에 의한 해양오염이 기름으로 인한 오염의 대표적인 사례이다.

그림 5.1 한강 수질오염 측정
(왼쪽 위 사진 : 화천댐 직하류부, 오른쪽 위 사진 : 춘천지역,
중간 및 아래사진 : 팔당댐 상류부 양수리 지역, 한강 수질오염 모니터링단 2018년 활동)

5.1.5 수질오염의 기준 및 규제

수질오염의 규제는 물 환경보전법에서 '방류수 수질기준'과 '배출허용기준'으로 분류하여 규제하고 있다.

방류수 수질 기준은 COD(TOC), BOD, SS, T-P, T-N, TU(생태독성), 총대장균 군으로 규제되며, 규제대상은 수계(하천, 바다, 호소 등)로 직접 방류되는 하수종말처리장 및 사업장에 적용된다.

배출허용기준은 기본항목인 방류수수질기준의 규제 항목과 더불어 각종 유기, 무기오염물질들을 규제하며, 규제대상은 하수종말처리장으로 방류하는 사업장에 적용된다.

공장폐수의 경우 공장 가동 시 매우 많은 화학물질이 사용되는데, 중금속, 난분해성 유기화합물, 기타 독성 유기 및 무기 화합물들이 폐수로 발생된다. 국가에서는 이를 공장(사업장)에서 바로 수계로 방류되지 않게 하고, 국가의 관리아래 수계(하천, 바다, 호소 등)로 방류되도록 산업단지의 경우 하수종말처리장으로 1차적으로 공장의 물을 방류하고, 종말처리장에서 방류수수질기준에 적절하게 방류하는 정책을 운영 중이다. 표 5.3은 우리나라 하천수의 수질환경기준을 pH, BOD, SS의 사례를 정리하였고, 표 5.4는 2019년 1월 1일부터 적용되는 배출허용기준의 수질오염물질의 항목들을 정리하였다.

표 5.3 우리나라 하천수의 수질환경기준

구분	1급수	2급수	3급수	4급수	5급수
pH(수소이온농도)	6.5~8.5	6.5~8.5	6.5~8.5	6.0~8.5	6.0~8.5
BOD(생물학적산소요구량)	1 이하	3 이하	6 이하	8 이하	10 이하
SS(부유물질)	25 이하	25 이하	25 이하	100 이하	-

표 5.4 2019년 1월 1일부터 적용되는 배출허용기준

지역 구분 항목		청정지역	가지역	나지역	특례지역
수소이온농도		5.8 ~ 8.6	5.8 ~ 8.6	5.8 ~ 8.6	5.8 ~ 8.6
노말헥산추출물질함유량	광유류(mg/L)	1 이하	5 이하	5 이하	5 이하
	동식물 유지류(mg/L)	5 이하	30 이하	30 이하	30 이하
페놀류함유량(mg/L)		1 이하	3 이하	3 이하	5 이하
페놀(mg/L)		0.1 이하	1 이하	1 이하	1 이하
펜타클로로페놀(mg/L)		0.001이하	0.01이하	0.01이하	0.01이하
시안함유량(mg/L)		0.2 이하	1 이하	1 이하	1 이하
크롬함유량(mg/L)		0.5 이하	2 이하	2 이하	2 이하
용해성철함유량(mg/L)		2 이하	10 이하	10 이하	10 이하
아연함유량(mg/L)		1 이하	5 이하	5 이하	5 이하
구리(동)함유량(mg/L)		1 이하	3 이하	3 이하	3 이하
카드뮴함유량(mg/L)		0.02 이하	0.1 이하	0.1 이하	0.1 이하
수은함유량(mg/L)		0.001이하	0.005이하	0.005이하	0.005이하
유기인함유량(mg/L)		0.2 이하	1 이하	1 이하	1 이하
비소함유량(mg/L)		0.05 이하	0.25 이하	0.25 이하	0.25 이하
납함유량(mg/L)		0.1 이하	0.5 이하	0.5 이하	0.5 이하
6가크롬함유량(mg/L)		0.1 이하	0.5 이하	0.5 이하	0.5 이하
용해성망간함유량(mg/L)		2 이하	10 이하	10 이하	10 이하
플로오르(불소)함유량(mg/L)		3 이하	15 이하	15 이하	15 이하
PCB함유량(mg/L)		불검출	0.003이하	0.003이하	0.003이하
총대장균군(群) (총대장균군수)(ml)		100 이하	3,000이하	3,000이하	3,000이하
색도(도)		200 이하	300 이하	400 이하	400 이하
온도(℃)		40 이하	40 이하	40 이하	40 이하
총질소(mg/L)		30 이하	60 이하	60 이하	60 이하
총인(mg/L)		4 이하	8 이하	8 이하	8 이하
트리클로로에틸렌(mg/L)		0.06 이하	0.3 이하	0.3 이하	0.3 이하
테트라클로로에틸렌(mg/L)		0.02 이하	0.1 이하	0.1 이하	0.1 이하
음이온계면활성제(mg/L)		3 이하	5 이하	5 이하	5 이하
벤젠(mg/L)		0.01 이하	0.1 이하	0.1 이하	0.1 이하
디클로로메탄(mg/L)		0.02 이하	0.2 이하	0.2 이하	0.2 이하
생태독성(TU)		1 이하	2 이하	2 이하	2 이하

표 5.4 2019년 1월 1일부터 적용되는 배출허용기준(계속)

지역 구분 항목	청정지역	가지역	나지역	특례지역
셀레늄함유량(mg/L)	0.1 이하	1 이하	1 이하	1 이하
사염화탄소(mg/L)	0.004 이하	0.04 이하	0.04 이하	0.08 이하
1,1-디클로로에틸렌(mg/L)	0.03 이하	0.3 이하	0.3 이하	0.6 이하
1,2-디클로로에탄(mg/L)	0.03 이하	0.3 이하	0.3 이하	0.3 이하
클로로포름(mg/L)	0.08 이하	0.8 이하	0.8 이하	0.8 이하
니켈(mg/L)	0.1 이하	3.0 이하	3.0 이하	3.0 이하
바륨(mg/L)	1.0 이하	10.0이하	10.0 이하	10.0 이하
1,4-다이옥산(mg/L)	0.05 이하	4.0 이하	4.0 이하	4.0 이하
디에틸헥실프탈레이트(DEHP) (mg/L)	0.02 이하	0.2 이하	0.2 이하	0.8 이하
염화비닐(mg/L)	0.01 이하	0.5 이하	0.5 이하	1.0 이하
아크릴아미드(mg/L)	0.015 이하	0.04 이하	0.04 이하	0.04 이하
아크릴로니트릴(mg/L)	0.01 이하	0.2 이하	0.2 이하	1.0 이하
브로모포름(mg/L)	0.03 이하	0.3 이하	0.3 이하	0.3 이하
나프탈렌(mg/L)	0.05 이하	0.5 이하	0.5 이하	0.5 이하
폼알데하이드(mg/L)	0.5 이하	5.0 이하	5.0 이하	5.0 이하
에피클로로하이드린(mg/L)	0.03 이하	0.3 이하	0.3 이하	0.3 이하
톨루엔(mg/L)	0.7 이하	7.0 이하	7.0 이하	7.0 이하
자일렌(mg/L)	0.5 이하	5.0 이하	5.0 이하	5.0 이하
퍼클로레이트(mg/L)	0.03 이하	0.3 이하	0.3 이하	0.3 이하
스티렌(mg/L)	0.02 이하	0.2 이하	0.2 이하	0.2 이하
비스(2-에틸헥실)아디페이트 (mg/L)	0.2 이하	2 이하	2 이하	2 이하
안티몬(mg/L)	0.02 이하	0.2 이하	0.2 이하	0.2 이하

※ 비고

1. 색도항목의 배출허용기준은 별표 4 제2호18)의 섬유염색 및 가공시설, 같은 호 19)의 기타 섬유제품 제조시설 및 같은 호 23)의 펄프·종이 및 종이제품(색소첨가 제품만 해당한다) 제조시설에만 적용한다.
2. 생태독성 배출허용기준은 물벼룩에 대한 급성독성시험을 기준으로 하며, 별표 4 제2호의3), 12), 14), 17)부터 20)까지, 23), 26), 27), 30), 31), 33)부터 40)까지, 46), 48)부터 50)까지, 54), 55), 57)부터 60)까지, 63), 67), 74), 75) 및 80)에 해당되는 폐수배출시설에만 적용한다. 다만, 해당 사업장에서 배출되는 폐수를 모두 공공폐수처리시설 또는 「하수도법」 제2조제9호에 따른 공공하수처리시설에 유입시키는 폐수배출시설에는 적용하지 아니한다.
3. 생태독성 배출허용기준 초과의 경우 그 원인이 오직 염(산의 음이온과 염기의 양이온에 의해 만들어지는 화합물을 말한다. 이하 같다) 성분 때문으로 증명된 때에는 그 폐수를 다음 각 목의 어느 하나에 해당

하는 방법으로 방류하는 경우에 한정하여 생태독성 배출허용기준을 초과하지 아니한 것으로 본다.

가. 공공수역 중 항만・연안 해역에 방류하는 경우

나. 공공수역 중 항만・연안 해역을 제외한 곳으로 방류하는 경우(2010년 12월 31일까지 설치허가 또는 변경허가를 받거나 설치신고 또는 변경신고를 한 폐수배출시설로 한정한다)

4. 제3호에 따른 생태독성 배출허용기준 초과원인이 오직 염 성분 때문이라는 증명에 필요한 첨부 서류, 절차・방법 등에 관하여 필요한 사항은 국립환경과학원장이 정하여 고시한다.
5. 특례 지역 내 폐수배출시설에서 발생한 폐수를 공공폐수처리시설에 유입하지 아니하고 직접 방류할 경우에는 해당 지역 구분에 따른 배출허용기준을 적용한다.
6. 위 표에도 불구하고 퍼클로레이트 항목은 별표 4 제2호31)의 기초무기화학물질 제조시설 및 같은 호 57)의 비철금속 제련, 정련 및 합금제조 시설의 경우에는 청정지역은 0.4mg/L, 가 지역, 나 지역 및 특례 지역은 4mg/L의 기준을 적용한다.

한편, 수질의 등급에 따라 서식하는 생물은 다음과 같다.

- 1급수 : 아주 맑은 물로 식수 가능한 물
  (버들치, 버들개, 둑중개, 열목어,플라나리아류, 가재류, 옆새우류)
- 2급수 : 비교적 맑은 물로 목욕 가능한 물
  (피라미, 갈겨니, 쉬리, 은어, 돌고기, 선충류, 강하루살이류, 동양하루살이류, 날도래류, 여울벌레류, 물삿갓벌레류, 깔다구류(흰색))
- 3급수 : 황갈색을 띄는 탁한물
  (붕어, 잉어, 미꾸리, 메기, 거머리류, 등각류, 잠자리류)
- 4급수 : 오염 정도가 심한 물로 물이 까맣고 물고기가 살수 없는 물
  (실지렁이류, 깔다귀류, 나방파리류, 꽃등에류)
- 5급수 : 4급수보다 오염 정도가 더 심한 물
  (나방 파리류, 꽃등애류)

5.2 하천환경

하천은 산에서 시작된 자연 하천이 주를 이루지만 현재 도시 개발로 인해 없어진 내를 다시 인공적으로 조성하고 있다. 하(河)는 큰 강, 천(川)은 작은 강을 뜻하고, 우리나라에서는 큰 강을 강(江), 작은 강을 천(川) 또는 수(水)로 나타내고 있으나 오늘날에는 혼용하는 경우가 많다. 지표면에 내린 비나 눈의 일부는 지표면이나 수면에서 증발하고, 일부는 식물체를 거쳐 증산(蒸散)하여 대기 중으로 되돌아가며, 일부는 지하수가 된다. 나머지는 표류수가 되어 항상 낮은 곳을 향해서 흐르는데, 경사면에서 최대 경사의 방향을 따라 흐르므로 자연히 그 흐름의 길인 하천이 생기게 된다.

하천을 관리하는 관점은 이수, 치수, 환경으로 여기에서 이수와 치수는 과거부터 주요 관심을 가졌던 분야이지만, 환경에 관해서는 우리나라의 경우 1990년대부터 관심을 가진 분야이다.

하천환경 또는 하천환경정비는 하천의 물과 그 주변 공간으로 구성된 하천 그 자체의 모습을 말하는데, 좀 더 구체적으로 정의하자면 하천에서 친수, 생활공간, 자연보전, 경관, 방재 및 여름철 도시를 냉각시키는 기능 등을 고려한 정비 및 관리라고 할 수 있다.

과거에는 하천을 이수 및 치수의 관점에서만 관리함으로써 하천 주변의 다양한 원시적 자연경관이 갖는 미적 가치와 생태 공간으로서의 가치가 점차 상실되는 경향이 있었다. 그러나 최근 기존의 이수 및 치수 기능을 고려하면서 하천의 생태학적 기능을 회복하여 친수 기능 향상 등 인간의 삶의 질을 향상시키려는 자연형 하천 조성사업이 호응을 얻고 있다. 자연형 하천이란 '하천을 정비하되 그 하천이 본래 지닌 자연성을 최대한 살리면서 정비한 하천'이라고 할 수 있다. 그러므로 자연형 하천 계획이란 수생 동식물을 중심으로 한 자연환경요소의 보전을 위한 환경을 조성하고 하천수변식생과 경관의 보전 및 향상을 지향하는 하천환경정비 및 관리가 되도록 하는 하천계획을 말한다. 즉, 자연하천에서 가능한 하천환경이 훼손되지 않고 자연 상태의 하천 모습에 가깝게 유지되도록 하는 계획이다.

1995년의 양재천 하천정비사업 이후 지방자치단체별로 자연형 하천 조성사업이 활발하게 진행되고 있다. 그중에서도 가장 획기적인 것은 2003년부터 추진하고 있는 청계천 복원사업이었다. 청계천은 조선시대 왕경이었던 한양의 상징이자 역사 그 자체이다. 청계천이 자연스러운 옛 모습을 그대로 간직할 수는 없겠지만, 많은 사람들은 서울시민들에게 활력을 불어넣는 친숙하고도 자애로운 도시하천으로 거듭나길 바랐을 것이다. 그러나 콘크리트

장벽으로 갇힌 공간 내에 인공적으로 꾸며진 화려한 청계천은 또 하나의 서울의 명소임에는 틀림이 없겠으나, 자연 친화적인 생태하천과는 거리가 있는 인공수로의 모습을 띠고 있다는 비평도 있다.

그림 5.2 자연형 하천(양재천)

일반적으로 평지하천은 산간계류가 속하는 상류와 강이 대부분을 차지하는 하류 사이에서 산간을 벗어나 평야지대를 흐르는 하천 구간으로 주로 중류지역에 속한다. 주로 삼림으로 이루어진 상류에 비해 경사가 완만한 평지하천 유역에서는 인간에 의한 농경지, 과수원, 목장, 마을, 도심지 등 유역 환경이 매우 다양하다. 따라서 이곳에 서식하는 담수무척추동물 군집도 주변 환경의 상태에 영향을 받아 생물상이 매우 풍부한 곳에서부터 아주 단순한 곳까지 다양한 모습으로 나타나며, 열악한 환경에 적응한 환경지표종의 출현도 확인할 수 있다.

평지하천에서는 상류에 비해 하천의 폭이 크게 확장되며, 경사는 매우 완만해진다. 하폭이 증가함에 따라 수관에 의한 그늘 면적이 감소하고, 낮은 경사로 인해 유속도 느려진다. 직류하천 구간이 많은 산간계류에 비해 곡류하천 구간이 대부분을 차지하는 하천에서는 상류에서 하류로 가면서 끊임없이 침식, 운반, 퇴적이 일어난다. 경사가 급한 상류에서 침식된 물질이 평지하천인 중류를 지나면서 운반되고 바다로 유입되기 전에 유속이 감소하는 하류 구간인 강에 다다르면 퇴적된다. 강의 하구에 형성된 삼각주는 대표적인 퇴적작용에 의한 하천지형이다.

평지하천은 하류의 물이 흐르는 방향에 따라 길쭉하게 자갈들이 모인 자갈톱(gravelbar)을 곳곳에 품고 있다. 자갈톱과 모래톱 사이를 흐르는 물 흐름은 물의 저장과 함께 수질정화에도 많은 도움이 된다. 우리나라의 하천은 곡류의 사행천에서 모래톱 또는 자갈톱이 잘 발달되어 있으며, 물줄기는 마을과 산림을 휘감아 돌며 곡류천 주변 땅을 상승시키고 그 모습을 계단 모양으로 만들기도 한다.

하천의 중류에서는 강의 폭이 넓어지며 조류와 녹색식물이 증가하여 1차 생산자에 의한 광합성 양이 상류보다 훨씬 더 커지는데 이에 따라 강의 중류에서 생물종의 다양성이 최고값에 이르게 되고 보통 독립영양 상태인 것이 일반적이다. 물속이 투명한 최상류와 달리 태양빛을 많이 받는 평지하천에서는 보다 다양한 물속 생물들을 만날 수 있다.

이와 같은 자연형 하천을 조성하기 위한 공법은 여러 가지가 있으며 다음 절에서 소개한다.

5.2.1 자연형 하천 공법

(1) 생태통로 조성

생태통로는 과거에는 없었던 개념으로 인간 생활 향상을 위한 인프라시설인 도로・댐・수중보・하구언 등의 건설로 인하여 야생 동식물의 서식지가 단절되거나 훼손 또는 파괴되는 것을 방지하고, 야생 동식물의 이동을 돕기 위하여 설치되는 인공구조물・식생 등의 생태적 공간을 말한다(자연환경보전법 제2조).

생태통로는 야생생물의 이동로 제공, 야생동물 서식지로의 이동, 천적 및 대형교란으로부터 피난처 역할, 단편화된 생태계의 연결로로 생태계의 연속성 유지, 기온변화에 대한 저감효과, 교육적・위락적 및 심미적 가치 제고, 개발억제 효과 등의 역할을 한다.

생태통로의 조성위치에 따라서는 선형・육교형・터널형으로 구분되는데, 도로・철도 또는 하천변 등을 따라 조성된 선형 통로는 식생을 이용하여 통로가 조성된다. 횡단부위가 넓고, 절토지역 또는 장애물 등으로 동물을 위한 통로조성이 어려운 곳에 육교형 통로가 만들어진다. 터널형은 인간의 영향이 빈번한 지역으로 육상통로를 조성하기 위한 연결지역이 없을 경우 또는 지하에 중소하천이 있는 경우에 만들어진다. 생태통로를 조성할 경우에는 자연환경현황 조사 자료가 생태계에 대한 영향여부를 판단할 수 있는 중요한 자료로 활용된다. 특히 특이한 동식물 군락에 관한 자료는 생태통로의 종류와 크기를 결정하고 기존 동물이동로는 생태통로의 위치를 결정하는데 직접적인 자료로 이용된다.

미국 등 선진국은 도로개설시 생태통로 건설을 의무화하고 있는데, 우리나라에서는 지난 1995년부터 전국 각지의 도로에 생태통로가 설치되고 있으며, 2011년 1월 환경부가 발표한 전국 생태통로 설치·운영현황에 따르면 야생동물 전용 생태통로는 육교형 131개, 터널형 33개 등 총 164개로 집계 되었다. 도로에는 국도 33곳, 지방도 94곳, 고속도로 37곳이 있으며, 생태통로 및 배수로 등 겸용 사용 시설로는 육교형 16개, 터널형 137개가 있다. 그림 5.2는 터널식 및 육교식 생태통로를 보여준다.

그림 5.3 생태통로(위 : 터널식, 아래 : 육교식, 아래 사진출처 중부일보)

한편, 하천의 생태통로로 어도(魚道, fish way)는 물고기가 자유롭게 오르내릴 수 있도록 만들어준 수로인데, 계단식으로 만든 어도는 사다리처럼 보인다 하여 어제(魚悌, fish ladder)라고도 한다. 어종에 따라 계단식과 자연형 하천의 형태가 있는데, 그림 5.3에 남한강의 강천보(계단식)와 여주보(자연형 하천형태)의 사례가 있는데 강천보의 경우에는 좌측 및 우측안에 각각 계단식과 자연형 하천형태의 어도를 만들어 원활한 어류의 이동을 도모하였다.

그림 5.4 어도(좌 : 계단식 어도 / 우 : 자연형 하천 형태어도, 강천보)

5.2.2 자연형 수공구조물

수공구조물은 인공적으로 하천의 기능을 인간의 삶에 기여하고자 만드는 구조물이므로 자연형 수공구조물이라는 용어는 앞뒤가 맞지 않는 것으로 생각할 수 있다. 그러나 인간의 삶을 향상시키면서 하천 생물의 이동통로를 막지 않는 보나 낙차공과 같은 경우를 굳이 자연형 수공구조물이라고 정의할 수 있겠다.

보는 수위를 높이고 필요한 수량(水量)을 확보하기 위해 하천의 일부 또는 전부를 가로막아 만드는 것인데 이를 보통 취입보라고 한다. 과거 우리나라의 전통적인 보는 대부분 하천에 가로로 적당한 간격마다 말목을 박고 물이 고이는 쪽에 긴 통나무들을 가로질러 이에 기대어 돌을 놓고 그 위에 흙을 덮어 물을 흐르게 하면서 수위를 상승시키는 것이 일반적이었다. 이러한 보들은 홍수가 날 때마다 유실되어 매년 다시 재건설하였으나, 최근의 개량된 보는 대체로 취수문・취입보・토사토(土沙吐)・호안공(護岸工)의 네 가지 구조물로 구성된다.

보의 설치위치는 일반적으로 하천이 산간부에서 평야부로 넘어가는 중류부가 선호되고 있는데, 이 위치는 대체로 바닥이 견고하고 퇴적층이 적으며 폭이 좁아 공사비가 적게 든다. 또 보의 위치는 유심(流心)이 취입하고자 하는 하천변에 가깝고 보의 상하류에 영향이 작은 곳이어야 한다. 취수문은 수로에 물을 끌어들이는 것으로 자연취입식과 양안취입식의 두 가지 경우가 있다. 자연취입식은 유심부가 하천의 기슭에 접하여 웅덩이와 같이 수심이 충분이 유지되는 곳에 유심과 직각의 방향으로 설치하는 것이며 양안취입식은 유심의 안정이 확실할 경우 취수문을 유심과 직각의 방향으로 양안에 설치하는 것이다. 취입보를 설치하는 경우에는 가능한 취입보에 가깝고 취입보와 직각방향 또는 직각에 가깝게 설치하되 항상 취수문 앞의 수심을 깊게 하여 계획량을 취수하면서도 취수문으로 토사가 들어오지 않도록 하여야 한다. 취입보는 고정보・가동보・자동보의 세 가지가 있다. 고정보는 콘크리트나 석재로 하천바닥에 고정시켜 보 전체가 움직이지 못하게 축조된 것이고, 가동보는 수문을 위로 올리거나 뉘어서 수위나 수량을 조절할 수 있는 것이다. 자동보는 수위의 변화로 생기는 수압의 작용으로 개폐하게 되어 있는 것인데 대개의 취입보에는 이들의 두 가지를 조합하여 만든 것이 많다. 즉, 고정보와 가동보 또는 고정보와 자동보의 두 가지를 합쳐서 구조물을 만드는 것이다. 이 취입보는 하천과 직각의 일직선방향으로 얽거나 끊는 것이 원칙이나 때로 일부만을 그렇게 하는 경우도 있다. 취입보의 구조는 자체의 무게로 수압에 견딜 수 있게 설계하고 홍수 때 보를 월류하는 물의 충격으로 하류측의 바닥이 패여서 보가 파손되는 원인이 되지 않도록 하류측에 사석공(捨石工)이나 목공침상(木工沈床) 또는 콘크리트 블럭 같은 것으로 바닥을 보호해야 한다. 호안공(護岸工)은 보를 축조할 경우 홍수나 격류에 따라 보의 양안이 패이는 것이 보통이므로 필요에 따라 보의 상하류 양안(兩岸)에 사석(捨石) 또는 콘크리트 블럭 등으로 호안공을 구축한다.

수로의 짧은 구간에서 수위를 안전하게 저하시키고 과잉 에너지를 감소시킬 목적으로 설치되는 연직 또는 경사진 수로구조물. 경사가 급한 하천에서 하상의 안정을 목적으로 설치하는 하천 구조물로 하상 유지공의 한 종류이다. 국내 하천에서 보 다음으로 흔히 볼 수 있는 하천 시설물이다. 수로 중에 경사가 급한 부분이 있어 자연 상태로는 세굴 및 침식이 발생할 가능성이 높을 때 설치한다. 종류로는 계단식 낙차공, 급수로식 낙차공, 감세식 낙차공, 원통식 낙차공 등이 있다.

그림 5.5 여주보(좌) 및 청평댐(우)

그림 5.6 자연형 낙차공 사례

즉, 보는 각종 용수의 취수 및 주운 등을 위해 보의 배면에 일정한 수위를 유지시켜 수량을 확보하거나 하상의 보호, 바다와 만나는 지점의 경우 조수의 역류를 방지하는 기능을 가진 하천을 횡단하여 설치되는 시설물로 제방의 기능을 갖지 않는 시설물을 말한다. 낙차공은 수위유지보다는 하상보호가 주목적이므로 보보다는 높이가 낮게 된다. 보와 낙차공의 상세한 사항은 다음의 6장에서 소개될 것이다.

5.2.3 수공구조물 설치로 인한 문제점 및 해결방안

이와 같은 보와 낙차공이 하천에 설치될 경우 발생하는 문제점과 해결방안을 정리하면 다음과 같다.

(1) 유사의 단절

하천의 제1기능은 물이 흐르는 기능 즉 통수인데, 하천은 물만 흐르는 것이 아니라 물과 함께 토사도 같이 흐른다. 이와 같이 물과 함께 흐르는 토사를 유사라고 하며 유사는 물에 떠서 이동하는 부유사와 바닥부근에서 이동하는 소류사로 구분된다. 보로 인하여 특히 소류사의 단절이 발생하게 된다. 상대적으로 조립질인 소류사가 차단되면 보의 하류부에 댐의 경우와 같이 국부적인 세굴이 발생하며, 입경이 큰 자갈이나 바위 등만 남게 되는 장갑하 현상(Armoring)이 발생한다.

유사의 단절문제를 해결하기 위해서 보에 배사문을 설치하여 주기적인 유사의 배출로 보 설치 이전과 유사한 환경을 조성해 주는 방법이 있다. 또는 보를 가동보로 설치하여 주기적으로 보를 개방하여 상류의 유사를 전달하는 기능을 활용하는 방법이 있다.

(2) 생물의 이동통로 단절

보 또는 낙차공에 주로 회유성 어류(연어, 송어, 은어 등)를위하여 어도를 설치하는데, 회유성 어류가 아니더라도 하천에서 서식지를 이동하는 어류도 있다. 어류 이외에도 패류 또는 수생곤충도 이동에 어려움을 겪게 된다. 어도는 이동하는 종류와 특성에 따라 계단형과 자연형 하천 형태로 설치하여 생물의 이동통로 단절문제를 해결한다.

(3) 상류부의 수위상승으로 인한 수해위험증가

보를 설치함으로써 보 상류부의 수위가 상승한다는 것은 갈수기에 취수는 도움이 되지만 홍수 및 우기 시에는 높아진 수위가 주변에 미치는 영향으로 침수피해를 발생시킬 수 있다. 그러므로 일정 주기 및 호우와 홍수예보에 따라 상류부의 수위를 조절할 수 있는 가동보의 설치가 필요하며, 고정보의 경우 배사문 등으로 설치하여 유사의단절과 함께 상류부의 수위조절에도 활용하는 방법이 있다.

되짚어보기

1. 점오염원과 비점오염원의 차이점을 설명하고 점오염원의 종류와 대표적인 비점오염원을 쓰시오.
2. 부영양화 및 이에 따른 녹조, 적조현상을 설명하시오.
3. 하천의 자정작용을 설명하시오.
4. 수질오염물질을 3가지 이상 쓰고 각각을 설명하시오.
5. 자연형 하천에 대하여 설명하시오.
6. 생태통로를 조성위치에 따라 구분하고 각각에 대하여 설명하시오.
7. 보와 낙차공이 하천에 설치될 경우 발생하는 문제점과 해결방안을 설명하시오.

제6장

소하천 수공구조물

제6장 | 소하천 수공구조물

6.1 낙차공

(1) 일반사항

낙차공은 하천경사가 급하여 하상의 안정에 문제가 있을 때 하상경사를 원화하여 하상의 세굴을 방지 또는 억제하고 하상의 안정을 유지하기 위해서 하천을 횡단하여 설치하는 하천관리 시설물이다.

(2) 설치 목적

낙차공의 설치목적은 다음과 같다.

1) 하천의 경사를 완화하고 유속을 감소시킴으로써 흐름에 의한 세굴을 방지하여 하상의 안정을 꾀한다.
2) 하상의 세굴 또는 저하를 방지하여, 계획하상고 이하로 되지 않도록 한다.
3) 제방의 세굴 또는 침식을 방지한다.
4) 저수로의 난류를 방지하고, 흐름의 방향을 조절해서 흐름의 집중을 막는다.

즉, 수로의 짧은 구간에서 수위를 안전하게 저하시키고 과잉 에너지를 감소시킬 목적으로 설치되는 연직 또는 경사진 수로구조물인데, 경사가 급한 하천(주로 소하천)에서 하상의 안정을 목적으로 설치하는 하천 구조물로 하상 유지공의 한 종류이다. 국내 하천에서 보 다음으로 흔히 볼 수 있는 하천 시설물이다. 수로 중에 경사가 급한 부분이 있어 자연 상태로는 세굴 및 침식이 발생할 가능성이 높을 때 설치한다. 종류로는 계단식 낙차공, 급수로식 낙차공, 감세식 낙차공, 원통식 낙차공 등이 있다.

(3) 낙차공의 높이

낙차공의 높이는 유수의 저항, 하상의 변화, 하상고 등을 고려하여 다음 사항에 유의하여 결정한다.

1) 낙차공의 높이를 너무 높게 하면, 상류의 수위를 상승시켜 범람의 위험이 따르고, 하상의 안정에도 문제가 있다.
2) 낙차공의 높이가 너무 낮으면, 작은 유량에서는 완전월류 상태가 되지만, 홍수시에는 수중위어가 되는 경우가 많아서 낙차공의 효과를 기대할 수 없다.

(4) 설계

낙차공은 소하천의 계획홍수량에 대하여 안정한 구조물이어야 하며 부근의 하안 및 하천관리 시설물에 현저한 지장을 주지 않는 구조가 되어야 한다. 낙차공은 본체 구조에 대하여 안전한 기초공을 하여야 하고 일반적으로 콘크리트 구조로 시공하여 본체, 물받이(Apron), 바닥보호공, 붙임호안 및 옹벽으로 구성되는데, 각 부분 명칭은 그림 6.1과 같다.

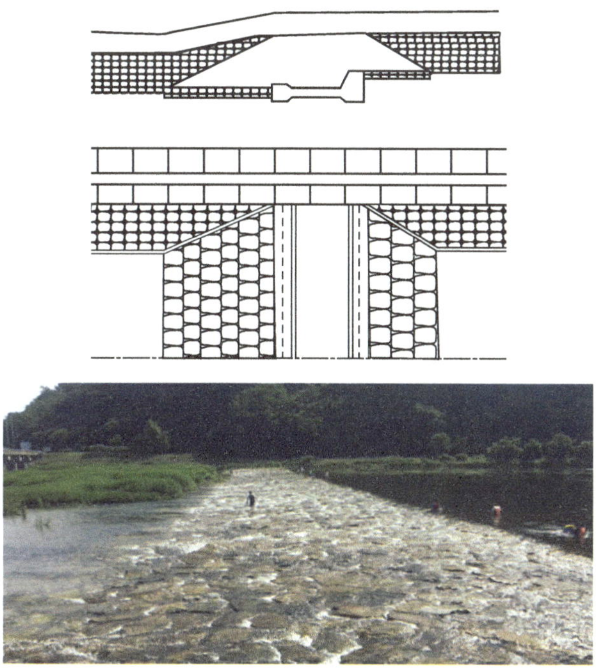

① 본체 ② 물받이 ③ 상류바닥 보호공 ④ 하류바닥 보호공 ⑤ 차수벽 ⑥ 호안 ⑦ 붙임옹벽

그림 6.1 낙차공의 각 부분 명칭 및 낙차공 설치사례

(5) 바닥보호공

바닥보호공은 다음과 같은 과정으로 설치된다.

1) 바닥보호공은 공종, 상하류의 하상경사, 낙차, 유속, 하상의 지질 등을 고려하여 결정한다.
2) 하루 바닥보호공의 시공범위는 낙차공에 의한 우수의 영향이 없어진다고 추정되는 범위까지로 하고, 경험식 등에 의해 결정된다.
3) 상류 바닥보호공의 범위의 범위는 보통하류 바닥보호공 범위의 $\frac{1}{3} \sim \frac{1}{2}$ 정 도로 한다.

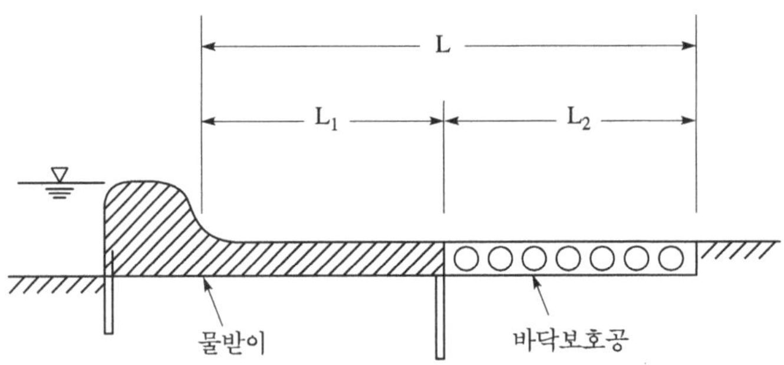

그림 6.2 바닥보호공

6.2 보

(1) 일반사항

보란 용수를 하천 등에서 취수하고 홍수의 분류, 조류방지 등을 위하여 하천을 횡단하여 설치되는 댐 이외의 시설로서 제방의 기능을 갖지 않는 것을 말하며 용수 취수의 경우에는 취수구와 취수보로 이루어지는데 소하천은 일반적으로 건천이기 때문에 보를 설치할 수 있는 지점은 극히 제한된다. 취수구는 필요한 수량을 안전하고 용이하게 취수할 수 있고, 토사의 유입이나 퇴사가 적은 곳으로서 가능한 한 유심에 직각방향으로 설치하며 취수보는 보의 언체를 말한다.

(2) 보의 용도별 구분

1) 취수보 : 하천의 수위를 조절하여 농업용수 , 공업용수 , 생활용수 등을 취수하기 위한 보
2) 분류보 : 하천의 분류점 부근에 설치하여 수위를 조절 또는 제어하여 홍수 또는 저수를 계획적으로 분류시키는 보
3) 조류방지보 : 감조 구간에 설치하여 염분의 역상을 방지하고 유수의 정상적인 기능을 유지하기 위한 보

(3) 취수방식

1) 취수구의 위치와 보와의 관계 : 취수구는 원칙적으로 보에 가까이 바로 상류 측에 설치하여 배사구로 유지되는 물길에 취수한다.
2) 양안취수 : 양안취수는 가급적 피한다.

(4) 위치선정

보의 설치위치를 결정함에 있어 다음 사항을 신중히 검토하여야 한다.

1) 필요한 취수위를 확보할 수 있으며 공사비가 싸고, 유지관리에 편한 농사에 수익지에 가장 가까운 지점을 선정한다.
2) 물길이 취수하려는 하안에 가까우며 항상 안정되어 있으며 홍수에 의한 하상의 변화가 적고 갈수량이 풍부한 곳을 선정한다.
3) 구조상 안전성을 얻을 수 있으며 공사비가 경제적인 장소를 선정한다.
4) 보로 막아 올리는데 따른 상하류의 영향이 적은 지점을 선정한다.
5) 공사가 용이한 지점을 선정한다.

(5) 설계

보 시설의 설계에 필요한 수문자료, 측량자료, 하상, 지질자료, 기타자료 등의 기본 조사를 실시한다. 보의 형식은 가능한 한 고정형을 선정하고 보마루 표고와 하류와 상류측의 물받이를 설계한다.

1) 형식 및 물막이 방식의 선정

보의 형식은 기초암반의 위치, 완전차수의 필요 여부 및 패임 상태를 고려하여 고정형(fixed type)또는 부상형(floating type)을 선정한다. 그리고 보는 원칙적으로 하천에 직각이 되게 일직선으로 설치하며, 그 물막이 방식은 치수 및 이수상의 여러 조건을 충분히 고려하여 선정한다.

2) 고정보 설계

고정보 설계를 위하여 보마루 표고, 정폭, 저폭, 마루폭 및 물받이의 단면을 결정한다. 보의 각 부분의 명칭은 그림 6.3과 같은데 고정보는 각종 용수의 취수, 주운 등을 위하여 수위를 높이고 조수의 역류를 방지하기 위하여 하천을 횡단하여 설치하는 제방의 기능을 갖지 않는 시설을 말하며 고정보는 수문이 설치되지 않고 보 본체와부대시설로 이루어지는 보로 소하천에 많이 설치된다.

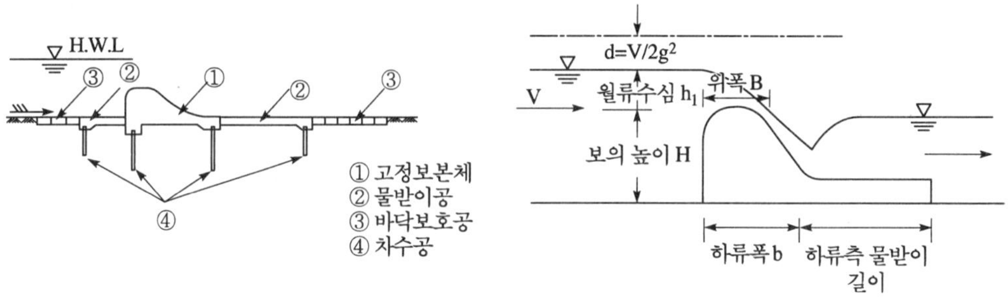

그림 6.3 고정보의 구조 및 단면

3) 하류측 물받이 설계

- 보의 직하류는 월류하는 강한 흐름에 의해서 하류하상이 심한 침식작용을 받게되는데 이러한 침식작용으로부터 보를 보호하기 위해 물받이를 설치하며 철근 콘크리트 구조로 하는 것을 원칙으로 한다. 일반적으로 물받이만으로 세굴방지를 도모하는 것보다 바닥보호공을 병용하여 설치하는 것이 좋다.
- 물받이의 파괴는 물받이 길이의 부족으로 인해서 발생하는 경우가 많다. 그 판단의 범위가 넓고 같은 조건에서도 큰 오차가 생길 수 있다. 하류측 물받이 길이 설계는 블라이(Bligh) 공식 또는 건설부 국립건설시험소에서 제안한 다음의 공식(건설부 국립건설시험소, 1991)을 이용한다.

- 상류측 물받이는 보 상류에 소용돌이가 일어나 상판의 세굴 위험이 있을 경우 또는 가동보와 병설될 경우에 수문의 개폐에 의해 횡류가 일어날 위험이 있을 경우 등을 위해 설치한다. 하지만 보의 높이가 2~3m 정도이고 상류측에 퇴사가 예상되는 곳에서는 설치하지 않아도 된다. 일반적으로 상류측 물받이의 길이는 3~5m 정도이며 두께는 하류측 물받이 두께의 1/2~1/3 정도로 한다.

(6) 유지 관리

1) 조정부, 가동부, 바닥보호공 , 호안공 등의 유입장해, 마모, 문짝의 관리, 관리조작 등을 항상 점검 관측하여, 이상이 있으면 즉시 필요한 조치를 취하여야 한다.
2) 콘크리트 구체의 균열상태를 수시 점검하고 양안호안(돌붙임 등)이 유실되지 않도록 한다.
3) 상류에서 내려오는 부유물질이나 퇴적물을 수시로 제거하여 계속 필요한 취입수량을 유지한다.
4) 소하천의 경우 보에서 150m이내의 토석채취를 금한다.

6.3 암거

(1) 일반사항

암거는 배수 및 각종 용수의 취수를 위해 제방에 설치하는 구조물로서 내수배제용일 경우에는 제방의 기능을 가지고 있는 것을 말한다.

우리나라 소하천 연안의 내수배제 지구는 농경지 및 주택지로서 대부분이 하상과 1m ~2m 의 표고차가 있어 홍수 시 역류방지를 위하여 암거에 중・대(中・大) 하천에서와 같은 수문(水門)형식을 설치할 지구는 거의 없다. 그러나 홍수 시 하상과 표고차가 없거나 우리나라 서해안과 같이 만조 시 역류 방지용 수문을 설치할 필요가 있는 암거는 제방과 일체로서 유지 및 관리가 필요하므로 수문을 설치한 내수 배제용 암거는 제방의 기능을 가지고 있다.

(2) 암거의 종류

1) 구조형식에 의한 분류

소하천 유역에 설치 가능한 암거를 구조형식 별로 분류하면

① 구형암기 ② 원형암기 ③ 문형암거 ④ 아치형암거 등이 있다.

2) 사용목적에 의한 분류

- 배수암거 : 제내지의 우수 및 하수배제와 홍수시나 만조시 외수의 역류를 방지할 목적으로 설치하며 주로 구형 및 원형암거가 일반적이다.
- 취수암거 : 농업용수, 생공용수 및 기타용수를 취수하기 위해 주로 취수보 직상 좌우안 제방에 설치한다.
- 통로암거 : 사람의 통행을 위해서 도로 혹은 철도 아래에 설치하는 암거로서 소하천 종단과 연하여 설치한 경우도 있다.

이외에도 전기, 전화, 가스 , 상하수도용 공동구 등이 있다.

그림 6.4 **통로암거**

(3) 암거의 설치 위치

암거의 설치위치는 목적과 하천관리상 지장이 없는 지점에 설치해야 하며 가능한 만곡부, 협착부, 하상이 불안정한 장소는 피하는 것이 좋다. 암거의 설치위치는 취수, 배수 등 목적에 따라 다르며 특히, 배수 및 취수 암거의 설치 위치는 다음의 사항을 원칙으로 한다.

1) 수충부나 연약지반은 가급적 피하고 하상이 안정된 곳을 택한다.
2) 하폭이 급변하지 않고 세굴과 퇴적 등 하상이 안정되어 있다고 판단되는 지점을 선정한다.
3) 배수암거는 교량 및 보상류지점 등 구조물이 있는 지점은 가급적 피한다.
4) 배수암거일 경우 지형이 허용하는 한 가장 낮은 지점을 택한다.

(4) 설계

1) 단면 결정

- 배수암거는 배수대상면적의 유출해석을 통하여 결정된 계획배수량을 배제할 수 있는 단면으로 하고 취수가 목적일 경우는 계획취수량 이상을 취수하지 않는 범위내로 한다.
- 배수암거의 단면결정시 유출해석은 합리식에 의한 유출해석을 원칙으로 한다.
- 배수 암거의 통수능력 계산은 Manning식을 원칙으로 한다.
- 배수암거를 작은 규모로 설치할 경우 토석이나 유하물로 인하여 배수를 원활하게 소통시킬 수 없을 뿐더러 내수배제 장애로 인하여 제내지의 홍수피해를 초래할 수 있으므로 매뉴얼에 따라 단면을 결정한다.
- 동일한 통수단면일 때 암거규격을 2련 이상으로 늘리면 암거의 폭이 작아지기 때문에 1련에 비해 유목 등 유하물에 의해 막힘의 가능성이 커져 홍수소통에 지장을 초래할 뿐만 아니라 문짝이 설치되는 경우는 문짝의 개폐에도 지장을 주게되므로 가급적 연수를 적게 한다.
- 구형암거(배수암거)의 규격 범위는 최소한 1.0m×1.0m이상의 단면으로 함이 바람직하다.
- 취수 암거의 경우는 토사 등의 퇴적을 고려하여 담면을 크게 하면 과대취수로 인하여 하류부의 영향을 초래할 수 있으므로 필요 이상의 취수를 하지 않도록 조절시설을 설치한다.
- 기타 암거는 사용 목적에 따라 규모를 결정하되 하천의 유지 관리에 지장이 없도록 설치한다.
- 배수암거의 관내유속은 토사침전을 방지하기 위하여 1.5m~2.0m/secec 내외를 표준으로 함이 좋다.

- 배수암거의 설계단면은 토석 및 유목 등 유하물로 인한 소통단면의 감소를 고려 최대 통수량을 소통시킬 수 있는 단면적의 120%를 취함을 원칙으로 한다.

(5) 암거의 구조

- 일반적으로 배수암거 및 취수암거의 본체는 문짝을 제외하고 철근콘크리트 구조로 하는 것을 원칙으로 한다.
- 암거의 길이는 제방단면의 제외지 비탈끝에서 제내지 비탈끝까지를 원칙으로 한다. 소하천에서는 암거의 길이가 대부분 10m내외 정도로서 이음매가 필요 없으나 만약 중·대 하천과 연결된 하구부에서 30m이상이 되는 경우와 연약지반에서 지반침하가 우려되는 경우는 20m정도를 기준으로 이음매를 설치하도록 하되 이음매는 종방향 구조계산을 실시하여 설치한다.
- 소하천에서 설치되는 암거의 표준도에서 소하천중 중·대(中·大)하천에 합류되어 중·대 하천규모의 배수문의 설치가 요하는 지구는 「하천시설기준」(1993. 12. 건설부) 제6장 수문편에 근거하여 설계하여야 한다. 특히 배수암거는 시공의 일관성 및 경제성을 고려하여 적정화된 규모의 범위는 표준화된 구형암거를 활용하므로서 제품의 규격화를 기할 수 있고 품질을 향상 시킬 수 있는바 1994. 12. 건설부에서는 「하천구조물 표준도」를 작성하였다. 배수암거의 기본구조는 그림 6.5와 같다.

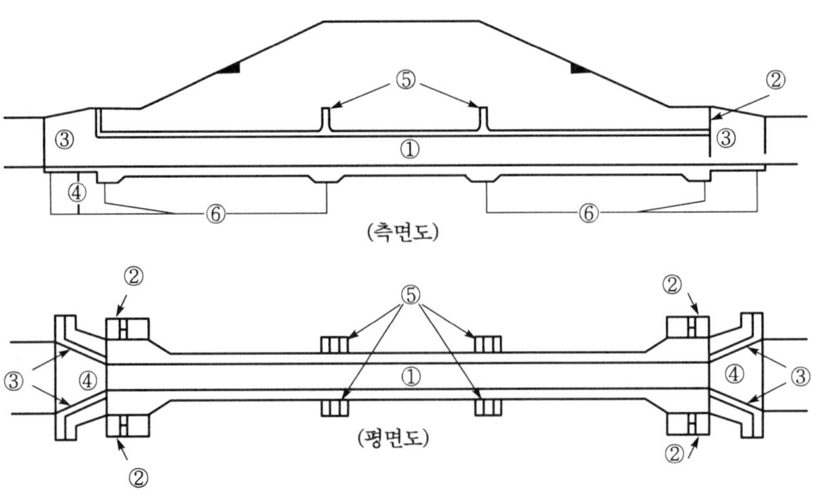

그림 6.5 암거의 기본구조(①암거 ②흉벽 ③날개벽 ④물받이 ⑤차수벽 ⑥차수판)

6.4 침사지

(1) 일반사항

침사지는 개발 사업으로 인해 가속화 된 토양 침식이 농경지나 주거지역의 매몰 등 직접적인 재해를 일으키거나 하류 하천, 호소 등에 환경적으로 부정적인 영향을 주는 것을 최소화하기 위하여 개발 지역에서 침식되어 유송되는 토사를 자연적, 강제적으로 침전·퇴적시킬 목적으로 만든 일종의 저류 시설물로 정의된다. 한 지역을 개발할 목적으로 지형을 인위적으로 바꾸거나 식생 등을 제거하는 경우 토양침식은 가속화되어 개발 전보다 토양침식량이 크게는 100배 이상 증가하게 된다. 이렇게 가속화된 토양 침식은 하류에 대규모 토사 매몰을 유발하여 농경지, 가옥, 기타 시설에 직접 피해를 주거나 침식된 토사로 탁류가 형성되어 주변 하천, 호소 등에 환경문제를 야기 시킬 수 있다. 이러한 가속화된 토양침식으로 인한 피해를 줄이기 위해서는 지푸라기, 비닐 등으로 노출된 지표면을 덮어서 빗방울 및 유수에 의한 침식으로부터 토양을 보호하거나, 도랑 및 하천 등에서의 침식방지를 위해 라이닝, 낙차공 등을 설치하거나, 등고선을 따른 개발 및 시공을 함으로써 토양침식을 조절하는 방안을 생각할 수 있다. 그러나 이러한 방법으로도 계속 침식되어 하류로 유송되는 토사를 자연적, 강제적으로 침전·퇴적시켜 하류 지역의 피해를 최소화시키기 위해서는 침사지를 설치하는 것을 검토하여야 한다.

(2) 침사지 형태

침사지는 응급 침사지, 임시 침사지, 영구 침사지 세 종류로 구분한다.

1) 응급 침사지(expedient basins) : 현장에서 임시방편으로 축조한(push up)침사지로서 주로 1일 이내 사용한다. 대체로 건설기계로 간편하게 축조할 수 있다.
2) 임시 침사지(temporary basins) : 공사 전기간에 걸쳐 사용하여야 하며, 필요시 준설하여 기능을 유지한다. 일반적으로 계획단계에 명시하며, 응급침사지보다 높은 설계기준을 요한다.
3) 영구 침사지(permanent basins) : 공사기간 중에는 침사지 역할을 하며 공사 후에 위락, 경관, 지류, 지하수 함양 역할을 수행한다. 임시 침사지와 설계기준이 유사하다.

(3) 침사지 설치 위치

침사지의 설치 위치는 개발 지역을 포함하는 유역의 침식 및 토사 유송, 퇴적 특성과 재해 및 환경 피해 예상 지역 등을 종합적으로 고려하여 정한다. 침사지는 보통 다음과 같은 점을 고려하여 그 위치를 정한다.

- 개발지역 직 하류에 위치하는 것이 좋다.
- 인접하천 본류에 설치하지 않는다.
- 공사용 기계 이동에 장애가 없는 위치가 좋다.
- 준설 활동이 용이한 위치(준설토 투기용이)가 좋다.

(4) 설계

1) 설계 개념

침사지는 '완전저류' 와 '흐름저류' 등 두 가지 개념으로 구분하여 유역 여건에 맞는 개념을 선택한다.

- 완전 저류(complete retention) : 비교적 소규모 호우에 의해서는 월류하지 않으나, 대규모 호우 시에는 월류가 된다.
  ① 홍수총량을 저감한다.
  ② 대규모 호우에 대비한 비상 여수로를 설치한다.
  ③ 포착율은 중요하지 않다(통상의 호우에 대해서 100%포착).
  ④ 호우 종료 후 준설한다.
  ⑤ 소규모 유역에 적합하다.

- 흐름 저류(flow detention)
  ① 첨두홍수량을 저감한다.
  ② 천천히 흐르는 상태에서 대부분의 유사(流砂)가 침전된다.
  ③ 상류에서의 유입유사량 예측이 필요하다.
  ④ 포착율을 고려한다.

2) 침사지 설계 절차

침사지 설계는 그림 6.6과 같은 절차에 준하여 수행할 수 있다.

▸ 필요성 확인
▸ 설계개념 산정 : 완전저류(소규모 배수구역, 배수구역 특성파악까지만 고려),
흐름저류(모든 단계 고려)
▸ 침사지 형태선정 : 응급 침사지, 임시 침사지, 영구 침사지
▸ 침사지 위치선정 : 응급 침사지(현장에서 선정)
임시 침사지(설계단계에서 선정하나, 현장선정도 가능)
영구 침사지(설계간계에서 위치 확정)
▸ 배수구역 특성파악 : 토양, 수리·수문 특성, 피복상태, 경사길이 및 경사도 등
▸ 저류될 유사량(체적) 결정 : 토양침식량, 유사전달율, 포착율
▸ 침사지 둑의 높이 결정 : 퇴사 깊이 계산, 주 여수로 높이 결정,
비상 여수로 높이 결정, 비상 여수로 수두 결정, 여유고 설정
▸ 주 여수로 크기 결정 : 주 여수로 없는 경우(응급침사지) 생략
▸ 비상 여수로 폭의 결정
▸ 둑과 여수로의 보호 장치 결정 : 관 여수로의 경우 유출부 보호,
비상 여수로의 라이닝

그림 6.6 **침사지 설계절차**

(5) 침사지 조성

침사지는 계곡이나 웅덩이 등 자연상태로 저류할 수 있는 지형에 둑을 쌓아 만들거나(자연상태 침사지), 그러한 지형이 없는 경우 굴착기계로 땅을 파고 둑을 쌓아 인공적으로 만든 침사지(pit)로 구분할 수 있다. 침사지 여수로는 관여수로와 사력여수로 등으로 구분할 수 있다. 침사지는 그림 6.7과 같이 자연 상태의 요철부분에 둑을 쌓아 만들거나 그림 6.8와 같이 인공적으로 굴착하여 둑을 쌓아 만들 수 있다. 침사지의 여수로는 관을 이용하여 둑 바깥으로 방류하는 관여수로(pipe spillway)와 둑 위에 사력을 쌓아 그 위로 방류시키는 사력여수로(rockfill spillway)로 나눌 수 있다.

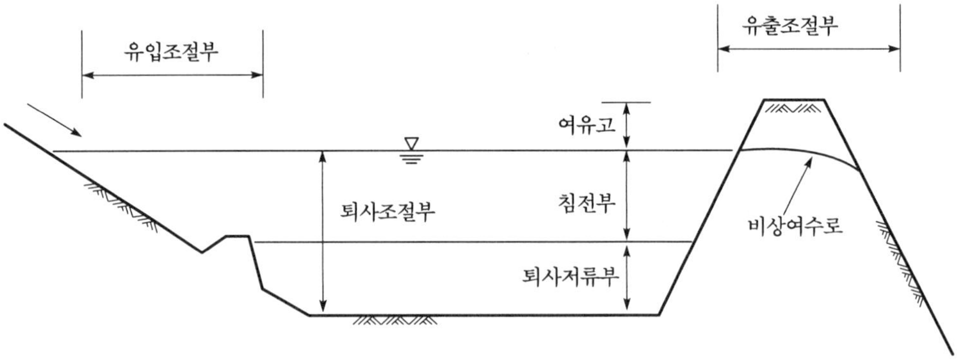

그림 6.7 주 여수로(관)와 비상 여수로를 갖춘 침사지

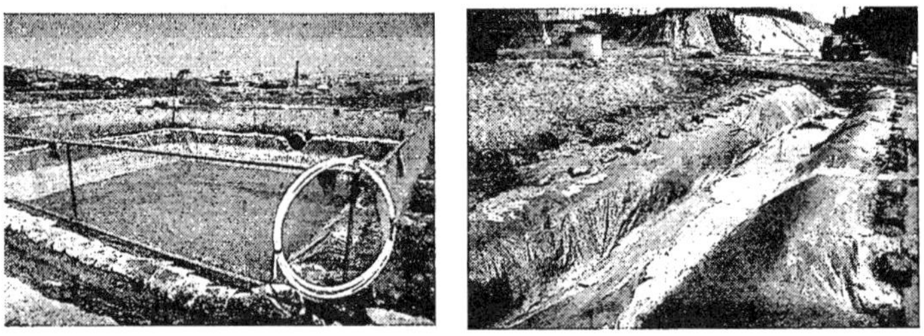

그림 6.8 굴착 침사지

(6) 유지관리 및 해체

침사지는 대상 지역의 개발공사 중은 물론 개발 후에도 그 기능을 충분히 유지할 수 있도록 준설 등 유지관리에 세심한 배려를 하여야 한다. 특히 개발 공사가 끝난 후 침사지를 친수환경 구역으로 이용할 경우 수질, 수생 생태계, 경관 등 수변 환경관리에도 세심한 배려를 하여야 한다.

침사지의 유지관리는 둑 검사와 준설 등으로 구분할 수 있다. 호우가 끝난 후 반드시 제체 이상 유무를 검사하여, 침사지내 주 여수로 턱에서 30cm 이내로 토사가 된 경우 준설한다. 준설토는 호우에 의해 침사지로 다시 들어오지 않을 장소에 버려야 한다.

침사지를 영구적으로 계획한 경우 공사가 끝나도 생태적 서식처, 조경, 위락 등 다른 용도로 사용할 수 있으나, 그 밖의 경우 원상 복원시켜야 한다. 복원된 지역은 풀과 나무를 심어 식생을 유지하여야 한다.

6.5 관개

(1) 관개용수원 및 수로시설

1) 용수원시설

■ 관개용수원의 개발

작물에 물을 대주려면 먼저 냇물이나 지하수 또는 호수의 물 중 가장 알맞은 용수원을 찾고, 용수원의 입지 조건이 자연 그대로 관개에 이용될 수 없는 경우라면이용효율을 보다 높일 수 있는 다른 종류의 수원 시설을 찾아야 한다. 그러므로 냇물을 수원으로 이용하고자 할 경우에는 흐르는 물의 양이 관개 면적에 비하여 풍부 한 곳에서는 농경지의 표고에 따라 용수원 시설로서 취입보를 설치할 것인지 또는양수장을 설치할 것인지 하는 문제가 생길 것이고, 그대로 이용하기에는 그 양이 매우 크게 부족한 곳에서는 저수지를 설치해야 하는 문제가 생길 것이다. 또, 지표면에 흐르는 물이 본래부터 크게 부족한 하천에서는 용수원 시설로 하천의 바닥 모래층을 흐르는 복류수를 이용하기 위한 집수 속도랑 또는 집수 겉도랑을 설치해야 하며, 지하수가 풍부한 지층이 있는 곳에서는 관정, 집수정, 지하 댐 등과 같은 용수원 시설을 설치해야 할 것이다. 근래에는 바다를 막아서 조성한 인공 담수호가 새로운 용수원 시설로서 등장하게 되었는데, 아산호, 남양호, 영산호, 삽교호 등은 그 좋은 예이다. 관개 용수원 개발의 대상이 되는 수원은 하천을 따라 흘러 내려가는 지표수와 땅속에 저류되어 있는 지하수가 된다.

① 지표수 개발

지표수는 하천수나 자연 호수와 같이 땅위를 흐르거나 땅 위에 머무르고 있는 물로서, 우리나라와 같이 자연 호수가 거의 없는 곳에서는 하천수가 개발의 대상이 된다. 하천수는 일반적으로 수온이 관개용수로서 알맞고, 수질도 크게 오염되지 않는 한 관개용수원으로 적합하다. 현재, 우리나라에서 이용되고 있는 관개용수는 거의 하천수에 의한 것이며, 용수원 시설로서는 동일 면적의 비율로 볼 때, 표 6.1과 같이 저수지가 전체의 53.4%로 가장 많고, 양수장, 보 시설, 지하수 시설의 순으로 되어 있다.

표 6.1 수원공별 몽리 면적과 비율(1995년 현재, 농업수리)

종별	하천			지하수 시설		기 타	합 계
	보시설	양수장	저수지	집수 속도랑	관 정		
면적(천 ha)	110	163	517	20	16	115	941
비율(%)	11.7	17.3	54.9	2.2	1.7	12.2	100

하천의 유량은 강우량에 따라 항상 변동하고 있다. 강우가 많이 있는 시기에는 하천의 유량이 불어나고, 강우가 적을 때에는 유량은 그만큼 줄게 마련이다. 그리고 하천의 상류 유역에 숲이 우거지거나 유역의 담수 능력이 크면 비가 오더라도 하천의 유량이 천천히 변동되지만, 그렇지 않은 경우에는 하천의 유량 변동이 급격 하다. 비가 상당 기간 동안 오지 않아도 하천에 흐르는 물이 전혀 없는 것이 아니고 얼마 정도는 늘 흐르고 있는데, 이와 같이 하천에 흐르는 물이 1년을 통하여 극히 적은 때를 갈수기라고 하며, 갈수기의 유량을 갈수량(1년을 통하여 어느 수량 이하로 내려가는 것이 10일 이냐가 되는 때의 유량)이라 한다.

갈수량은 하천의 물을 이용하려는 보 시설 또는 양수장의 규모를 정하는 기준값이 되는 것으로서 중요한 의미를 지니고 있다. 갈수량이 충분한 경우 자연 취수에 의한 관개가 가능할 만큼 관개 지구의 표고가 낮은 곳에는 하천을 가로질러 설치하는 보가 적합하고, 경지면이 높아 자연 취수에 의한 관개가 불가능한 곳에는 양수장을 설치하여 물을 끌어 올려야 한다. 이와 반대로, 갈수량이 관개 대상 지역의 용수량을 공급하기에 부족한 경우에는 저수지 시설을 계획하며, 이를 위해서는 관개 계획 기준년의 월별 또는 순별 하천 유출량을 정확히 파악할 필요가 있다. 관개 기간의 유출량이 많으면 저수지 내용적은 작아도 되지만, 유출량이 적으면 상대적으로 내용적이 커지게 되므로, 저수지의 내용적을 줄이려면 산림 녹화에 힘쓰는 등 유역의 용수원 함양을 위한 여러 조치를 강구하여 유출량을 늘려 나가야 할 것이다. 이 밖에도, 배후지 농경지에 대한 배수 개선의 목적과 함께 하류로 방류되는 하천수를 이용하기 위하여 하구에 하구둑을 설치하는 경우가 있다. 하구둑의 설치에는 많은 공사비가 소요되나, 다량의 수자원을 확보할 수 있다는 장점이 있다. 근래에 농업 용수, 공업 용수, 생활 용수 등의 다목적 이용을 위하여 건설한 아산호, 삽교호, 영산호 등은 관개 용수원으로서도 좋은 시설이다.

② 지하수 개발

지하수는 땅위에 내린 빗물이나 눈이 녹아서 땅속으로 침투하여 암반이나 질흙 등 불투수층 위에 괴어 있는 물로서, 이를 개발하는 데에는 대규모의 시설이 별로 필요하지 않고, 비교적 간단한 시설로써 물을 얻을 수 있으므로 경제적인 점에서 유리하다. 그러나 수온이 낮고, 우리나라의 경우 용출량이 적은 것이 단점이며, 관정 등을 개발한 후 관리 소홀로 인하여 지하수가 오염될 수 있기 때문에 상당한 주의를 기울여야 한다. 지하수의 개발은 지표수 개발에 어려움이 많고, 지하수 부존량이 비교적 많은 곳에서 채용하고 있는 것으로서, 입지 조건에 따라서는 효율적으로 이용될 수 있다. 지하수를 가급적 많이 이용하기 위해서는 입지 조건에 따라 집수 속도랑, 관정과 함께 지하 댐을 건설할 필요가 있다. 집수속도랑은 주로 하천 바닥 아래의 모래층을 흐르는 복류수를 이용하기 위한 시설로서, 지표를 흐르는 하천수의 단절 현상은 심하나, 복류수가 비교적 풍부한 하수 또는 피압면 지하수 상태로 괴어 있는 물을 개발, 이용하기 위한 시설로서, 지하수위 및 대수층의 두께에 따라 여러 형태의 깊고 얕은 우물을 설치하게 된다. 지하 댐은 갈수기에 지하층에 가용 지하수의 포장량을 증대시켜 지하수 함양을 도모하기 위하여 모래층이 두껍고 그 내부에 물의 저장 능력이 큰 계곡 하천 바닥에 그라우팅 등을 통하여 차수벽을 만드는 시설이다.

2) 용수원 시설

관개 용수원 시설은 그 수원 및 지형 특성에 따라 보 시설, 저수지, 지하수 이용시설, 양수장 등이 있다.

① 보 시설

하천, 호수 등으로부터 관개용수를 용수로에 끌어들이기 위하여 하천을 가로질러서 설치하는 시설을 보 시설이라고 한다. 하천의 갈수위가 비교적 높고 갈수량이 풍부한 곳에서는 보(weir)를 설치하지 않고도 하천 둑에 설치한 취수문을 통해 물을 끌어들여 용수로에 의하여 경지로 보낼 수 있다. 그러나 하천의 수위가 낮아 자연 취수가 어렵거나, 유심이 변동되기 쉬운 하천에서는 취수문만으로는 hv계획 용수량의 취수가 곤란하므로, 하천을 가로지르는 보막이를 하여 필요한 높이까지 수위를 높여서 취수해야 한다. 그러므로 보막이 하면 일반적으로 뒤의 형식을 채택하는 것이며, 또 이 취입보에는 하천 토사를 배제하는 구실을 하는 배사구 및 물고기가 오르내리는 어도(fish ladder)를 반드시 설치해야 하고, 경우에 따라서는 배의 통행로(boat way)를 설치하기도 한다. 또한, 취수문 근처 용수로의 시발점 가까이에 침사지를 설치하여 용수로에 유입되는 토사를 제거해야 할 경우도 있다.

② 저수지 시설

하천의 갈수량이 관개 대상 지구 전체를 관개하기에 부족한 경우에는 보 시설이나 양수기 시설로는 효과를 거둘 수 없으므로, 저수지가 필요하게 된다. 저수지의 대부분은 하천의 상류 계곡에 댐을 축조하여 저수하는 것이므로 공사비도 많아지고, 만일 계획이 잘못되면 저수가 잘 안 된다든지 댐이 붕괴되어 큰 피해를 가져오므로, 이 계획은 특히 신중을 기해야 한다.

저수지의 위치로서는 필요한 물의 양이 모여들 수 있는 장소이어야 함은 물론이지만, 댐을 만드는 장소의 지질이 양호하여 물이 새어 나가지 않고 댐을 지탱할 수 있는 충분한 지지력이 있어야 한다. 또한, 댐을 설치할 장소는 불투수성이고 기초 지반이 견고하며, 균열이 없는 양호한 암반이 비교적 얕은 곳에 위치하는 곳이어야 한다. 일반적으로, 두꺼운 점토층이 얕게 존재하는 곳이나 사암, 화강암 등 암반으로 되어 있는 곳은 적합하지만, 단층 또는 파쇄대가 발달한 곳은 좋지 않다. 지형상으로는 하천의 기울기가 완만하고 계곡이 좁으며, 그 안쪽은 광활하여 댐의 높이를 높이지 않아도 저수량을 비교적 많이 수용할 수 있는 곳이 유리하다. 즉, 축제 토량에 비하여 저수량의 비율이 클수록 댐의 설치 위치로서 좋은 것이다. 경험에 의하면 축제 토량 $1m^3$에 대한 저수량의 비율은 흙 댐에서 5~10배, 콘크리트 댐에서 100~200배인 것이 많으며, 이 비율이 클수록 저수량 $1m^3$에 대한 댐 공사비가 싸진다. 아울러, 댐 설치 장소에서 가까운 곳에 흙, 모래, 자갈, 돌 등의 축제 재료가 충분히 있고, 수몰로 인한 보상비가 적은 곳이 좋다. 이 밖에, 상류로부터 토사 유입이 적고 관개 구역에 가까우며, 유지, 관리하기에 편리한 곳이 바람직하다.

③ 댐

저수를 하기 위해서는 댐을 축조해야 한다. 댐은 축제 재료에 따라, 필댐(흙 또는 사력 댐), 콘크리트 댐, 철근 콘크리트 부벽 댐 등이 있는데, 그 중 가장 많은 것이 필 댐이고, 그 다음이 콘크리트 중력댐이다.

필댐은 주로 점토, 흙, 사력 등으로 축조된다. 축제 재료는 구하기 쉽고 어느 종류의 댐보다 공사비가 싼 편이므로, 우리나라의 경우 관개용 댐으로 가장 많이 축조되고 있다. 필 댐은 기초 지반에 가해지는 압력이 작기 때문에 기초 지반이 좋지 않은 곳에서도 적당하며, 최근에는 토질 및 지반 공학 기술이 발전됨에 따라 100m 이상의 것까지 축조가 가능하게 되었다. 필 댐의 축제 재료가 갖추어야 할 조건은 안정도, 투수도, 불용성 및 경제성이다. 안정도를 높이기 위해서는 재료의 마찰각과 점착력이 커야 하며, 굵은 재료와 가는 재료가 적당한 비율로 잘 섞여 있어야 한다. 그리고 댐은 저수를 목적으로 하는 것이므로 불투수성이어야 하고 저수지의 수심이 최대일 때 제체의 침투 수량이 허용범위 내에 있어야 한다. 또, 축제 재료 중에는 유기 물질을 비롯해 물에 용해되는 광물질 등이 포함되어 있으면 안 되며, 질이 좋은 축제용 재료를 댐 터 부근에서 충분히 얻을 수 있어야 한다.

콘크리트 댐에는 중력 댐, 아치 댐, 부벽 댐 등이 있으며, 댐의 기초 지반은 필 댐의 경우와 달리 견고해야 하고, 댐의 무게와 수압에 견딜 수 있고, 누수가 없어야 한다.

중력댐은 자중으로 수압 등의 외력에 견딜 수 있게 만든 것으로, 될 수 있으면 비중이 큰 재료를 써야 한다. 아치 댐은 주로 아치 작용에 의하여 수압에 견딜 수 있게 설계된 것으로, 기초 지반이나 협곡의 양쪽 비탈면에 견고한 암반이 노출되고, 폭이 좁은 V자형의 계곡을 이룬 지형 조건이 좋다. 아치 댐은 중력 댐에 비하여 30% 이상의 재료 절약을 가져올 수 있다.

부벽 댐은 슬랩에 의하여 물을 막으며, 수압이 부벽을 통하여 기초에 견딜 수 있게 하는 구조를 가지게 한 것으로, 철근 콘크리트로 만들어진다. 부벽 댐은 폭이 넓은 U 자형 계곡이면서 양호한 암반이 노출된 곳이 좋고, 중력댐에 비하여 전도에 대한 안전율이 크며 재료도 절약된다.

④ 지하수 이용 시설

지형상 다른 용수원으로부터 도저히 도수할 수 없거나, 도수하는 데 막대한 경비가 들 때에는 부득이 지표수 외의 수원을 찾아야 하는데, 이러한 경우에는 땅 속의 지하수를 개발하여 이용해야 한다. 지하수의 효과적 이용을 위해서는 이용상의 특징을 알아야 한다.

지하수는 계절적인 변화가 적기 때문에 가물 때에도 일정한 양의 물을 얻을 수 있으며, 여러 용수원 시설 중 가장 공사비가 저렴하다. 또한, 다른 용수원 시설에 비해 매우 단순하여 단시일에 공사를 마칠 수 있고, 또 관개 지역 안이나 바로 가까운 곳에 분산 배치가 용이하여 긴 수로 시설이 필요 없으므로 농경지 손실률을 크게 줄일 수 있다. 지하수는 홍수 때 재해를 받는 일이 거의 없다. 용출 능력에 한도가 있어 저수지와 같이 필요한 때에 많은 양의 물을 마음대로 사용할 수 없는 결점이 있지만, 지표수와 같이 수리권 관계로 복잡한 문제는 생기지 않는다. 지나치게 지하수를 이용하면 그 일대의 지하수위가 전체적으로 낮아지게 되어 물이 나오지 않게 되는 경우도 있고, 지반이 침하하거나 함몰이 생겨 우물이 막히기도 하여 내용 연한이 비교적 짧아진다. 수온이 차가운 편이어서 작물의 생육에 장애를 일으키기 쉽다. 지하수 수질이 한번 오염되면 회복하기 힘들어 인접 우물로 확산이 빠르다.

⑤ 양수장 시설

관개 대상 지역이 하천 또는 호수의 수면보다 높아서 자연 관개를 할 수 없는 곳이나, 우물, 집수지 또는 집수 속도랑 등을 관개 용수원으로 하는 경우에는 펌프로 양수하여 관개하며, 이 경우에 펌프, 원동기 등의 양수 시설이 필요하게 된다. 그러므로 관개 계획에 펌프를 사용하는 경우에는 그 시설의 유지, 관리 및 경제성에 대해서도 신중히 고려해야 한다.

양수 관개 지역의 결정방법에서 양수장을 설치할 경우에 가장 문제가 되는 것은 유지, 관리 및 기타 운영비를 가급적 줄일 수 있는 방향으로 관개 지역의 범위를 정하여 시설의 크기를 결정하는 일이다. 따라서, 하천수를 양수하여 관개할 필요가 있을 경우에는 먼저 관개 대상 지역의 지형을 정밀히 측량하여, 자연 관개가 될 수 있는 범위와 될 수 없는 범위를 결정하여 양수 관개를 하게 될 면적을 될 수 있는 대로 줄이도록 한다. 우물의 물을 이용하는 경우에는 우물 자체에 소요되는 시설비보다는 그 물을 양수하는 펌프의 시설비와 유지, 관리 운영비를 줄이는 방향으로 계획하는 일이 많다. 예를 들면, 1개의 우물로 물의 부족이 생길 경우에는 우물의 수를 늘릴 수밖에 없으나, 이때에 우물 1개당 용출량을 크게 하여 우물의 수를 줄여야 한다. 그러나 펌프의 유지, 관리 운영비 및 시설비 면에서 볼 때에는 우물간의 거리를 좁히면 지하수면의 간섭이 커지므로, 우물의 공사비가 증가하지만, 양수 시설을 한 곳에 집중시킬 수 있어 그만큼 유리한 것이 된다. 또, 이것은 전체적인 면에서도 유리한 점이 많아 널리 사용되고 있다.

한편, 하천수를 이용하기 위하여 양수장의 위치를 선정하는 경우에는 유심과 하천 바닥 높이에 변동이 없고, 관개 기간 중의 갈수 시에도 필요 양수량을 얻을 수 있으며, 되도록 관개 지역에서 가깝고, 될 수 있는 한 양정이 크지 않은 위치를 선정해야 한다.

3) 용수로 시설

경지에 물을 대려면 저수지, 양수장, 관정, 집수 속도랑 등의 관개 용수원 시설로부터 경지까지 물을 끌어가는 수로가 필요한데, 이것을 용수로(irrigation canal)라 한다. 용수로는 지형에 따라 산간부 또는 산허리를 지나가야 되는 경우도 있고, 하천, 제방, 도로, 배수로 또는 급한 비탈 등의 장애물을 통과하는 경우가 있다. 따라서, 이러한 장애물을 통과하려면 그곳에 알맞도록 터널, 수로교, 용수 잠관(역사이펀), 낙차공, 분수공 등과 같은 공작물을 선정, 계획해야 하지만, 용수로의 노선 선정에서는 되도록 이 공작물의 수를 줄이는 방향으로 계획하는 것이 무엇보다도 중요하다.

① 용수로의 종류

용수로는 보통 그 기능에 따라 다음과 같이 세 종류로 구분한다.

㉠ 간선 용수로 : 1개의 관개 구역 전체의 관개를 위한 송수 기능을 가진다.

㉡ 지선 용수로 : 간선 용수로의 도중에서 분기되는 수로로, 간선 용수로가 지배하는 전 관개 구역을 지형에 따라 몇 개 구역으로 구분하였을 때, 그 각각의 구역에 물을 배분하는 기능을 가진다.

㉢ 용수 지거 : 소규모 지구에서는 간선 용수로에서 직접 분기되는 일도 있지만, 일반적으로 지선 용수로에서 분기되는 수로로서, 직접 농경지에 물을 배분하여 주는 기능을 가진다. 통수 단면에서 보면 간선 용수로는 그 통수 단면이

일반적으로 크지만, 같은 간선 용수로일지라도 관개 구역이 작은 지역의 간선 용수로의 수로 단면은 관개 구역이 큰 지역의 지선 용수로의 수로 단면 보다 작은 일도 있으므로, 용수로의 종류에 의한 구분은 별로 의미가 없다.

② 용수로의 위치 선정과 배치

용수로의 위치 선정과 배치에서 유의할 사항은 다음과 같다.

㉠ 간선 용수로와 지선 용수로는 주로 지형에 따라 배치해야 되지만, 될 수 있는 대로 직선으로 배치하고, 간선 용수로는 원칙적으로 관개 구역 전체에 물을 끌어들일 수 있도록 가급적 높은 지대를 선정한다.

㉡ 수로의 유지 관리면에서 볼 때, 홍수가 범람하는 곳이나 산사태가 일어날 위험이 있는 곳은 피해야 하며, 특히 이런 곳에서의 간선 용수로는 가급적 흙쌓기 부분이 적게 되도록 선정한다.

㉢ 용수로의 통수 단면은 말단으로 갈수록 유량이 작아짐과 함께 축소되므로, 될 수 있는 대로 수로 하류부에 침전물이 생기지 않게 물매를 급하게 할 수 있는 위치를 선정한다.

㉣ 용수로의 위치는 분수공, 물넘이, 방수공 등에 의하여 제약을 받으므로, 몽리 면적 및 배수할 하천과의 관계를 고려한다.

㉤ 용수로와 배수로의 배치는 분리를 원칙으로 하고, 용수 지거는 가 배미의 단면에 접할 수 있게 계획하는 동시에, 용수 지거와 배수 지거는 하나 간격으로 서로 병행하도록 배치한다.

한편, 용수로의 물매와 유속에서 용수로의 물매는 수로의 크기, 종류, 수로가 지나가는 곳의 지형 및 토질에 따라 표 6.2와 같이 달라진다.

표 6.2 용수로의 종류와 물매

종 류	간선 용수로	지선 용수로	용수 지거
물 매	$\frac{1}{3,000} \sim \frac{1}{5000}$	$\frac{1}{1000} \sim \frac{1}{3,000}$	$\frac{1}{300} \sim \frac{1}{1000}$

표 6.3 수로의 허용 최대 유속

구분	유속(m/sec)	구 분	유속(m/sec)	구 분	유속(m/sec)
모 래 흙	0.45	모래참흙	1.50	메 쌓 기	1.50
모래참흑	0.60	연암	2.00	(돌기장 30cm 이하)	
참흙	0.70	보 통 암	2.50	메 쌓 기	2.00
질 참 흙	0.90	경암	4.00	(돌기장 30cm 이상)	
질흙	1.20	콘크리트	4.00	찰 쌓 기	3.00

물매가 급하면 유속이 커져서 토사의 침전 및 수초의 번성을 억제하고, 수로 단면을 축소시킬수 있는 장점이 있으나, 수로의 안쪽면이 침식을 받기 쉽다. 따라서, 수로의 물매는 수로에 침식을 일으키지 않을 정도의 유속을 가지도록 계획하는 것이 필요하며, 이 침식을 일으키지 않을 정도의 최대 유속을 허용 최대 유속이라고 한다.

또한, 수로 계획에는 토사 등이 침전하면 그만큼 수로의 통수 능력이 저하되므로, 적어도 이를 억제할 수 있는 유속의 유지가 필요하며, 이와 같은 유속을 허용최소 유속이라 한다.

표 6.4 수로의 허용 최소 유속

수 심(m)	0.3	0.6	0.9	1.2	1.5	1.8	2.1	2.4	2.7	3.0
유속(m/sec)	0.19	0.3	0.38	0.45	0.56	0.65	0.69	0.73	0.77	0.82

따라서, 수로의 물매는 허용 최대 유속과 허용 최소 유속의 범위 내에서 조정하며, 관개 면적의 확보에 문제가 없는 한 허용 최대 유속에 가까운 쪽의 물매로 계획한다.

그림 6.9 용수로

되짚어보기

1. 낙차공이 설치되는 목적을 설명하시오.
2. 보를 용도별로 구분하고 각각을 설명하시오.
3. 보의 유지관리 사항을 설명하시오.
4. 사용목적에 따라 암거를 분류하고 각각을 설명하시오.
5. 침사지의 정의를 쓰시오.
6. 침사지의 형태를 쓰고 각각을 설명하시오.
7. 침사지의 설계절차를 쓰시오.
8. 관개용수원시설을 쓰고 설명하시오.
9. 관개용수로의 종류를 쓰고 각각을 설명하시오.
10. 관개용수로의 허용최대유속과 허용최소유속을 설명하시오.

제7장

깨끗한 물의 공급(상수도)

제7장 | 깨끗한 물의 공급(상수도)

7.1 상수도의 정의 및 목적

상수도는 각종 도관 및 정수처리 시설을 포함하는 물의 공급시설의 총체로서 각종 용수를 연속적으로 공급하기 위한 공공시설로 정의 된다. 상수도를 설치하는 목적은 공중 보건위생의 향상과 생활환경의 개선이며, 그 구성은 생활용수(가정+영업용수), 상업 및 공업용수, 공공용수, 불명수, 소화용수의 공급으로 되어 있다. 상수도의 목적을 달성하기 위한 기술적 3요소로는 풍부한 수량, 양호한 수질, 적절한 수압이 있다.

한편, 중수도(中水道)는 한번 사용한 수돗물을 생활용수, 공업용수 등으로 재활용할 수 있도록 다시 처리하는 수도시설을 의미하며, 원수(原水)는 음용 및 공업용 등에 제공되는 자연 상태의 물을 말한다.

7.2 상수도의 구성 체계 및 계통

상수도의 7단계 구성 체계는 다음과 같으며, 그림 7.1과 그림 7.2에는 각각 상수도의 구성 체계와 상수도의 계통을 나타내었다.

(1) 수원 : 수돗물의 원료가 되는 물인 원수의 공급원을 말한다.

(2) 취수 : 수원에서 필요한 수량을 취입하는 과정으로 취수대상 수원의 종류, 취수량 등에 따라 방법, 규모를 목적에 맞게 선택한다.

(3) 도수 : 수원에서 취수한 원수를 정화하기 위해 정수시설에 보내는 시설이다.

(4) 정수 : 원수의 수질을 음용수나 공업용 등 사용목적에 적합하게 처리하는 과정으로 약품혼화 및 응집 → 침전 → 여과 → 소독(살균)의 순서로 구성된다.

(5) 송수 : 정수된 물을 정수장(정수지)에서 배수시설(배수지)까지 수송하는 과정을 말하며 오염방지를 위해 관수로(管水路)로 해야 한다.

(6) 배수 : 정수된 물을 배수시설에 의해 필요한 압력으로 소요량만큼 급수지로 수송하는 것을 말한다.

(7) 급수 : 배수된 물을 사용자에게 음용수를 공급하는 것을 목적으로 하는 시설이다.

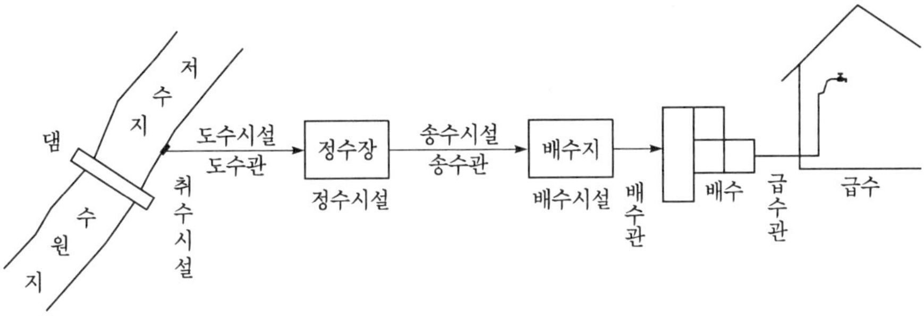

그림 7.1 상수도 구성 체계

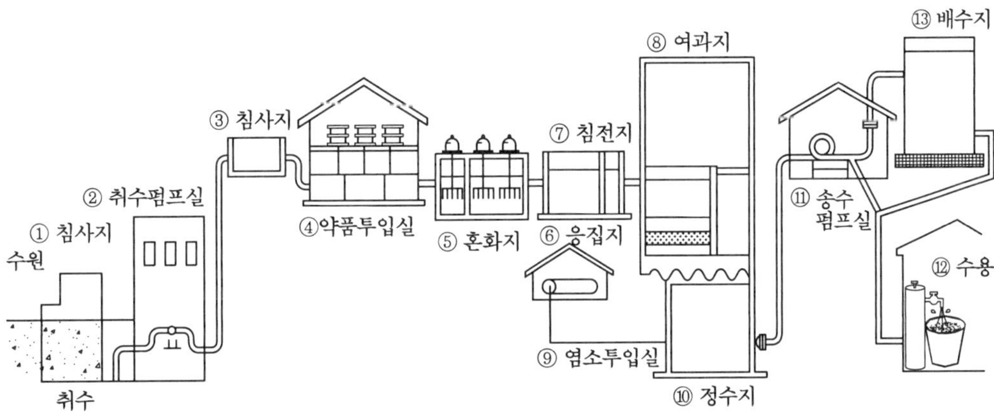

그림 7.2 상수도 계통도

7.3 상수도시설의 계획

상수도의 기본 계획을 위한 기초자료로는 급수량의 현황과 추정, 주변의 환경조건과 자연조건, 지하매설물 계획자료, 도로, 교통 및 환경자료, 하천 조사 자료가 있다. 그림 7.3은 상수도를 계획하는 절차 흐름도를 나타낸다.

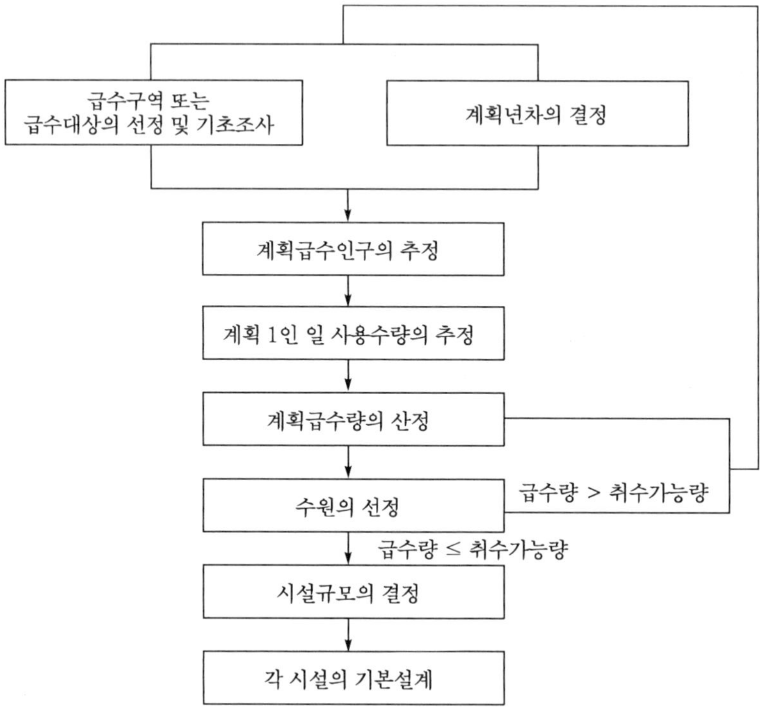

그림 7.3 **상수도시설 계획 흐름도**

7.3.1 계획년한(년차)

상수도 시설은 반영구적인 시설이기 때문에 목표년도를 길게 설정하는 것이 유리하나 너무 길게 설정하면 초기 공사비가 커져서 비경제적이고, 너무 짧게 잡으면 확장공사에 따른 경제적인 손실이 발생하기 때문에 해당된 도시의 발전상황을 고려하여 결정해야 한다. 상수도 시설기준상에는 15~20년을 계획년차의 기준으로 하고 있다. 설계기간의 결정에 있어 반드시 고려할 사항은 장비 및 시설물의 내구년한, 시설확장시의 난이도와 위치, 도시발전상황(인구증가, 상 · 공업의 발전 등)과 물 사용량, 자금취득의 난이와 건설비 등 금융사정(화폐가치의 변동), 원수를 공급하는 수자원의 현황, 수돗물 공급에 따른 수입의 연차별 예상이 있다.

7.3.2 계획급수량

급수량은 상수 소비량 또는 상수 요구량이라 하며 단위는 lpcd(liter per capita day) 이고, 우리나라의 경우 1인 1일당 급수량은 300~450lpcd 정도이나 생활수준의 향상으로 점차 증가하고 있는 경향을 보인다. 계획 급수량 산정 시 이용항목으로는 계획 급수구역 내 인구, 계획 1인 1일 급수량, 계획년에서의 급수보급율이 있다. 표 7.1에는 급수량을 구성하는 종류와 1인 1일 최대급수량을 정리하였다.

표 7.1 급수량의 구성

종류	1인 1일 최대급수량(L)
① 가정용수	50
② 영업용수	15 ~ 20
③ 공업용수	15 ~ 20
④ 공공용수	20 ~ 30
⑤ 불명수(누수・도수)	15 ~ 25
⑥ 소화용수	

※ 상수도의 급수량 구성 중 농업용수는 제외

(1) 가정용수

가정에서 사용되는 음료, 취사, 세탁, 목욕, 청소, 수세식화장실, 살수(撒水) 등에 사용되는 물을 말한다.

(2) 영업용수

음식점, 여관, 호텔, 유흥장, 오락장, 백화점, 이발관, 미용원, 식료품점 등 사업용에 사용되는 물을 말한다.

(3) 공업용수

수돗물을 공업용에 사용하는 곳은 비교적 소규모 공장이며, 대규모 공장은 공업용수를 별개의 전용수도를 통해 사용한다.

(4) 공공용수

관공서나 일반 사무소, 학교, 병원, 군대의 급수, 도로의 살수, 하수관의 세척용, 소화용수 등에 사용되는 물을 말한다.

(5) 불명수(不明水)

대부분이 배수관 또는 급수관의 접합부에서 누수(漏水), 시공의 불량, 유지관리의 불완전, 관내 수압 상승으로 인한 누수 및 소화전 누수와, 그 밖의 공공시설에서의 누수 등으로 인한 수량을 말한다.

(6) 소화용수(Fire Fighting)

소화용수는 수량이 작지만 화재시 단기간에 많은 수량이 요구되므로 소도시의 경우 급수시설의 규모가 소화용수에 의해 결정된다.

7.4 수원

7.4.1 수원(水源)의 종류

수원의 종류는 다음과 같다.

(1) 천수 : 강수(비, 눈, 우박, 서리, 이슬 등 지표에 내리는 모든 형태의 수분)에 의한 것을 말한다.
(2) 지표수 : 지표면을 따라 흐르거나 자연적 또는 인공적으로 고여 있는 물을 말하며, 하천수, 호소수, 저수지수가 이에 해당한다.
(3) 지하수 : 천층수, 심층수, 복류수, 용천수가 있으며, 각각 얕은 우물(천정), 깊은 우물(심정) 또는 굴착정, 집수암(매)거 등으로 취수한다.

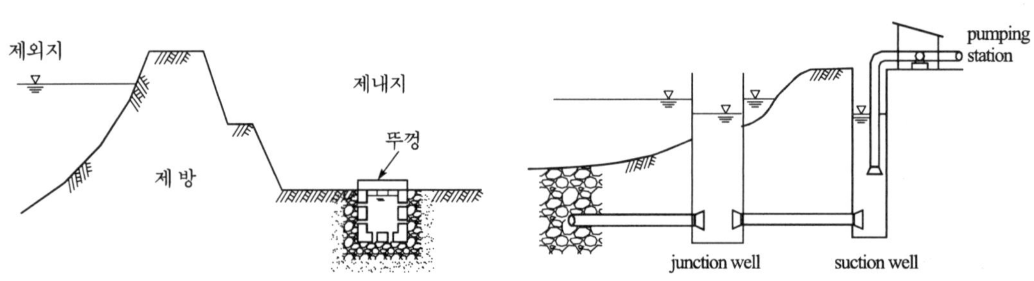

그림 7.4 집수암(매)거 사례

7.4.2 수원 선정 시 고려할 사항

수원은 수질이 양호하고 장래 오염의 위험이 없거나 작아야 하며, 계획취수량 최대갈수기에서도 확보 가능해야 하며, 다음의 사항을 고려한다.

(1) 수질이 양호하고 장래에도 오염의 위험이 적어야 하며, 수량이 풍부해야한다.
(2) 가능한 한 오염원과 어느 정도 거리를 유지해야 한다.
(3) 가능한 상수도 소비자와 가까운 곳을 선정 한다.
(4) 가능한 한 상수도 소비지보다 높은 곳에 위치하여 수리학적으로 자연유하식의 취수 및 배수가 가능한 것이 좋다.
(5) 건설비 및 유지관리비가 경제적이어야 하고, 장래 상수도의 사용인구 증가에 따른 상수도시설의 확장이 가능한 곳이어야 한다.
(6) 계절의 변화에 따른로 수량 및 수질의 변동이 작아야 한다.
(7) 수리권(水利權)이 확보가 용이하여야 한다.
(8) 유속이 빠르지 않은 수원을 선택해야 한다.

한편, 해수의 담수화방법은 다음과 같다.

(1) 투과 기화법 : 상변화법 중 증발방법의 일종으로 담수를 얻는 방법이다.
(2) 전기 투석법 : 해수 중의 염소 이온과 나트륨 이온을 제거하여 담수를 얻는 방법이다.
(3) 증기 압축법(증발법) : 해수를 가열하여 증발시켜 발생한 수증기를 냉각시켜 담수를 얻는 방법이다.
(4) 역삼투법 : 상불변화법으로 해수 중의 염분을 제거(염화나트륨 제거율 93%)하는 데 주로 사용하며 막을 이용한 분리법으로 담수를 얻는다.

7.5 취수

7.5.1 계획취수량과 취수지점의 선정

(1) 계획취수량

도수・송수 시설에서의 손실, 정수장에서의 역세척수 등에 의한 손실을 고려하여 1일 최대 급수량의 5~10% 정도 여유를 주어서 취수한다.

(2)취수지점의 선정 시 고려사항 및 조사항목

취수지점의 선정에는 다음의 사항들을 고려해야한다.

① 수원의 조건인 수질 및 수량에 대한 적절성 여부를 고려한다.
② 수리권의 확보가 가능한 곳이어야 한다.
③ 수도시설의 건설 및 유지관리가 용이한 곳이어야 한다.
④ 가능한 기존의 하천공작물에 근접하지 않는 곳이어야 한다.
⑤ 장래 확장이 유리하고 양호한 수질을 확보할 수 있는 곳이어야 한다.
⑥ 취수시설의 구조상의 안정을 확보할 수 있는 곳이어야 한다.
⑦ 상수의 처리장 및 급수지역과의 거리를 고려하여 경제성 및 효율성이 좋은 곳이어야 한다.

이와 같은 고려사항을 근거로 다음의 항목들을 조사해야 한다.

① 최대홍수량, 최대갈수량, 홍수량, 갈수량, 평수량
② 최대홍수수위, 최대갈수위, 평수위.
③ 강우와 탁도 및 기타 수질과의 상관관계
④ 최대 탁도 및 발생시기와 염분농도
⑤ 계절에 따른 수질의 변동
⑥ 수리권

표 7.2 하천수의 취수 가능성 판단

구분	비고
하천의 최대갈수량 ≥ 계획취수량	직접 취수 가능
하천의 최대갈수량 < 계획취수량	저수지 등을 활용
하천의 년평균유량 > 계획취수량	
하천의 년평균유량 < 계획취수량	하천유량 이용 불가능

7.5.2 하천수의 취수시설

하천수의 취수를 위한 시설은 다음과 같다.

(1) 취수관거(Intake Pipe)

수중에 관을 부설하여 취수하는 시설이다. 연간 수량이 일정량 이상이고, 그 변화가 적은 곳에서 사용하는 방법이다. 일반적으로 취수관 입구에는 스크린을 설치하여 부유물이나 물고기 등 수생동식물이 유입되시 않고 동시에 취수틀(intake crib)을 축조해서 취수관이 유실되거나 손상되지 않도록 해야 한다. 취수관의 유입구 부근에 스크린을 설치할 경우 스크린에 의한 단면의 축소를 고려하여 개구면적이 관 단면적의 1.5~2배가 되도록 해서 취수를 위한 유입속도를 가능한 한 저감해야 한다.

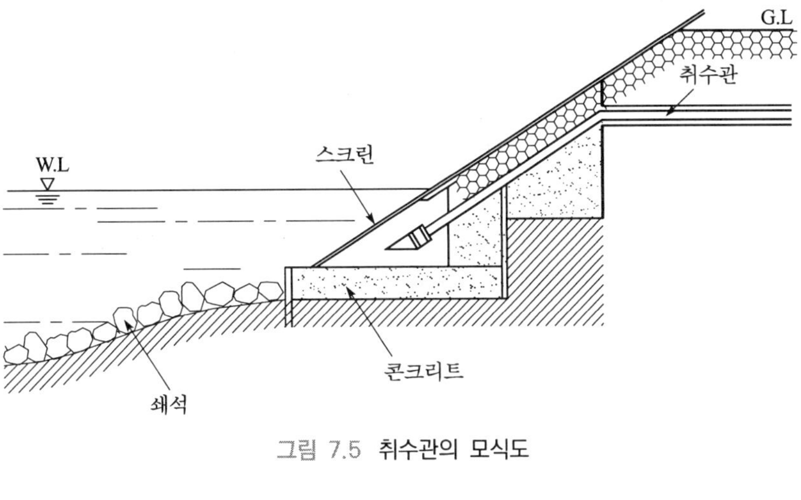

그림 7.5 취수관의 모식도

(2) 취수탑(Intake Tower)

대량의 취수 시 주로 이용되는 시설이다. 연간 하천의 수위 변화가 크거나 서로 다른 수심에서의 취수가 요구될 때 사용되는데, 취수구를 상하에 설치하여 좋은 수질의 물을 선택적으로 취수할 수 있고 수심이 일정 이상 되는 지점에 설치하면 연간 안정적인 취수가 가능한 취수시설이다.

이 시설은 유속이 빠른 곳에는 가능한 설치를 피해야 하고 취수구의 유입속도는 15~30cm/secec이며 최소수심이 2m 이상인 곳에 설치해야 하는데, 유지관리는 용이한 편에 속하지만 건설비가 많이 소요되는 단점이 있다.

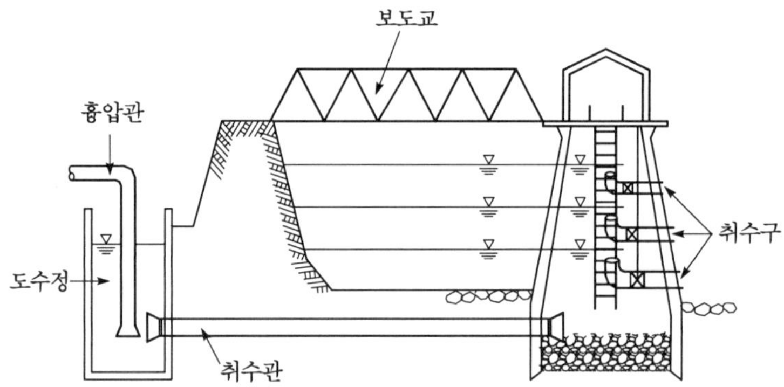

그림 7.6 취수탑의 모식도

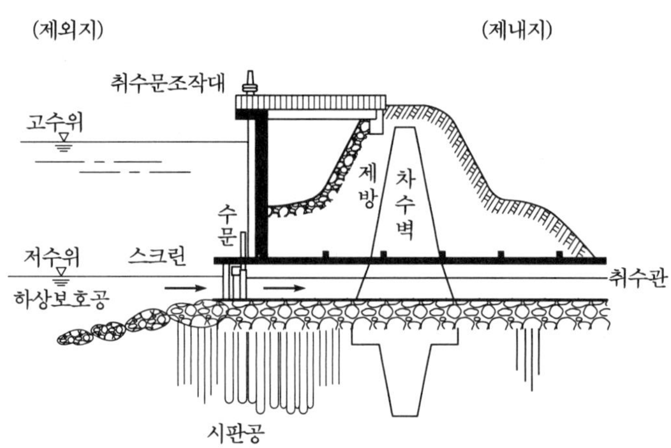

그림 7.7 취수문의 모식도

(3) 취수문(Intake Gate)

하천의 제방인 안에 직접 하천에 취수를 위한 개구(開口)하는 취수구(取水口)를 설치하는 방식으로 주로 농업용수의 취수에 활용되며 유속이 작은 하천 상류 및 중류부에 설치하는 경우가 많다. 이 방법은 취수지점의 표고가 높아서 자연유하식으로 도수(導水)할 수 있는 곳에 많이 사용되는데, 취수구 시설에서 스크린, 수문 또는 수위조절판을 설치하여 이들이 일체가 되어 작동된다. 취수문의 위치는 지반이 가능한 견고한 지점에 위치하여야 하고, 취수문을 통한 유입속도가 0.8m/secec 이하가 되도록 취수문의 크기를 정해야 한다.

(4) 취수틀

취수틀은 주로 하천이나 호소 등의 수중에 설치하는 시설로 하상이나 호소 바닥의 변화가 적은 소량의 취수인 경우에 사용하며 안정된 취수가 가능하다. 최소 수심은 3m 이상인 장소에 설치하며 취수구의 유입속도는 하천은 15~30cm/secec, 저수지는 1~2m/secec로 한다.

(5) 취수언 또는 취수보

하천의 흐름방향에 직각방향으로 댐을 축조하여 물을 막아 하천의 수위를 높여서 수문에 의해 조절되는 취수구를 통하여 물을 취수하는 시설로, 하천수 취수시설 중에서 가장 안정적인 취수가 가능하며 유황이 불안정한 경우에도 취수가 가능하다. 일반적으로 대하천에 설치하며 취수구에서의 표준유입속도는 0.4~0.8m/secec이고, 호수나 저수지를 수원으로 할 경우의 취수방법으로는 적합하지 않다.

하천의 경우 스스로 정화하는 자정작용(Self-Purification)이 있는데 이는 하천 또는 호수에 오염물질이 유입되었을 때 시간이 지남에 따라 물리적, 화학적 및 생물학적 작용에 의해 수질이 점차 양호해지는 현상을 말한다.

물리적 작용으로는 희석, 확산, 혼합, 침전, 흡착, 여과 등의 작용이 있으나 가장 주된 작용은 침전작용이다.

화학적 작용으로는 산화, 중화 등에 의해 오염물 제거, 철(Fe), 망간(Mn) 등이 용존산소량(DO)에 의해 수산화물이 되어 자연적으로 응집된 후 침전되는 것을 말한다.

생물학적 작용은 자정작용 중 가장 큰 작용을 하는데 미생물에 의한 유기물을 무기물로 분해하는 작용을 말한다.

한편 하천의 자정작용을 조절하는 요인으로는 온도, 수소이온농도(pH), 용존산소량(DO) 및 햇빛이 있다.

7.6 도수 및 송수

7.6.1 계획도수량 및 계획송수량

계획도수량은 계획취수량 즉, 계획 1일 최대급수량의 5~10%를 더한 수량을 기준으로 하는데 도수과정에 발생하는 손실을 고려한 것이다. 또한, 계획송수량은 계획 1일 최대급수량을 기준으로 한다.

7.6.2 도수 및 송수 방식

도수란 수원에서 취수한 물을 정수장까지의 과정을 지칭하며, 송수는 정수장으로부터 정수된 물을 배수지까지 보내는 것을 말한다. 도수와 송수의 차이점은 도수는 정수(淨水)되지 않는 원수(原水)를, 송수는 정수를 수송하는 것이다. 그러므로 도수 및 송수의 방식은 차이가 있으며, 다음과 같은 방식이 있다.

(1) 자연유하식

자연유하식은 개수로 방식으로 자유 수면이 있고 중력에 따라 물을 흘리는 방식이다. 즉, 이 방식은 수면이 대기와 접하고, 경사로 인한 중력의 작용에 의하여 유하하는 것을 말하며, 도수로는 자연유하식인 개수로를 적용을 원칙으로 한다.

(2) 펌프압송식

펌프를 활용한 압송식은 관수로방식으로 펌프가압식 또는 가압식이라 한다. 이 방식은 관이 항상 만수로 되어 압력에 의하여 흐르는 수로를 말하며, 즉 자유 수면이 없는 방식으로 송수로는 정수된 물의 오염방지를 위해 자연유하식인 암거가 유리하지만 긴급이송 등에 대비하여 관수로를 보통 적용한다.

(3) 자연유하식과 펌프압송식의 장점 및 단점

자연유하식과 펌프압송식은 각각 장점 및 단점이 있으며 이를 비교하여 검토한 것이 표 7.3에 정리되었다.

표 7.3 자연유하방식과 펌프압송식의 장점 및 단점 비교검토

자 연 유 하 식	펌 프 압 송 식(가압식)
① 도수 및 송수가 안전하고 확실하다. ② 유지관리가 간편하고 관거 점검이 용이하다. ③ 수로가 길어지면 건설비가 많이 든다. ④ 수원의 위치가 높고, 지형이 경사져있고, 도수로가 길 때 적당하다. ⑤ 급수구역을 자유로이 선택할 수 없다. ⑥ 오염의 우려가 있다. ⑦ 평상시 수압과 수량조절이 불가능 하다.	① 정전 · 펌프고장 등으로 인해 안정성 · 확실성은 낮은 편이다. ② 전력비 등 유지관리비가 높고, 수압으로 인한 누수우려 크다. ③ 도수로를 짧게 할 수 있어 건설비 절감 가능하다. ④ 수원을 급수구역에서 가까운 곳에서 자유로이 선택가능하다. ⑤ 지하수를 수원으로 하는 경우에 적당한 방식이다.

7.6.3 도수 및 송수관로 결정

도수 및 송수관로를 결정할 경우 다음의 사항을 고려해야 한다.

(1) 최소 동수경사선 이하가 되도록 한다.(관로가 최소 동수경사선 위에 있을 경우 상류측 관경을 크게 하여 동수경사선을 상승시키거나 접합정을 설치하고, 하류측은 관경을 작게 한다.)
(2) 가능한 단거리로 설치한다.
(3) 수평, 수직의 급격한 굴곡을 피한다. 즉 굴곡은 45°이하가 되도록 한다.
(4) 이상(異常) 수압(급격한 고압 또는 저압)을 받지 않도록 한다.
(5) 관내 마찰손실수두가 최소가 되도록 한다.
(6) 공사비를 최소한도로 줄일 수 있는 곳 즉 저렴한 곳을 선택 한다.
(7) 하부성토 등 지반이 불안전한 장소(연약지반 등)는 피한다.
(8) 비탈 등 붕괴우려(급경사지 등)가 있는 지점은 피한다.
(9) 노선은 가능한 공공도로 및 수도용지(보상비 절감 등)를 이용한다.
(10) 관수로 내면에 작용하는 최대정수두가 관의 최대사용 정수두 이하가 되도록 한다.
(11) 하천, 도로, 철도를 횡단하는 경우 공사(역사이폰 설치 등)에 유리한 지점을 선정한다.

(12) 양수연장이 길 경우 관로에 안전밸브 또는 압력조정탱크를 설치해서 수격작용에 대비해야 한다.

(13) 사고를 대비해 관을 2조(병렬)로 매설하고 중요한 장소에 연결관을 설치한다.

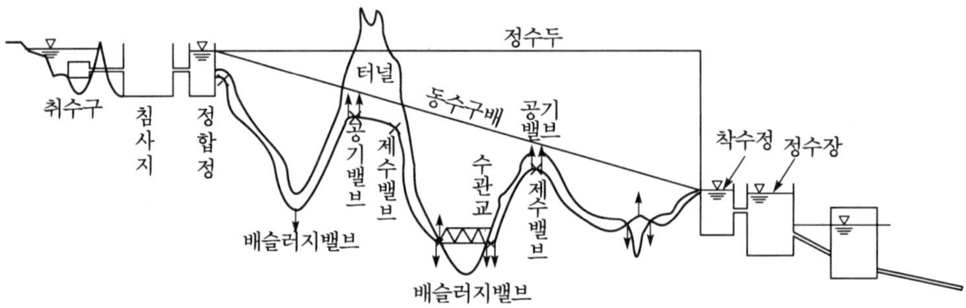

그림 7.8 일반적인 도수로 모식도

7.7 배수 및 급수

7.7.1 배수관의 계획배수량 및 배수방식

평상시에는 계획 시간 최대급수량을 기준으로 계획배수량을 정하며, 화재 시에는 계획 1일 최대급수량의 1시간당 수량에 소화용수량을 더한 배수량을 기준으로 한다.

배수방식으로는 급수구역과 배수지의 높낮이를 고려하여 자연 유하식, 펌프 압송식, 병용식(자연 유하식+ 펌프 압송식) 중에서 선택한다.

7.7.2 급수시설

급수시설에서 급수장치로는 분수전, 수도계량기, 지수밸브, 수도전(수도꼭지) 등이 있다. 급수장치용 기구가 갖추어야 할 조건은 다음과 같다.

① 수압, 토압, 부등침하 등에 대해 안전하고 내구성이 크며 누수가 없어야 함.

② 유지관리가 용이해야 하며 위생상 무해할 것.

③ 물이 오염되거나 역류할 위험이 없어야 함.

④ 정체수를 용이하게 배출시킬 수 있는 구조이어야 함.

⑤ 손실수두가 작고, 과대한 수격작용이 발생되지 않아야 한다.

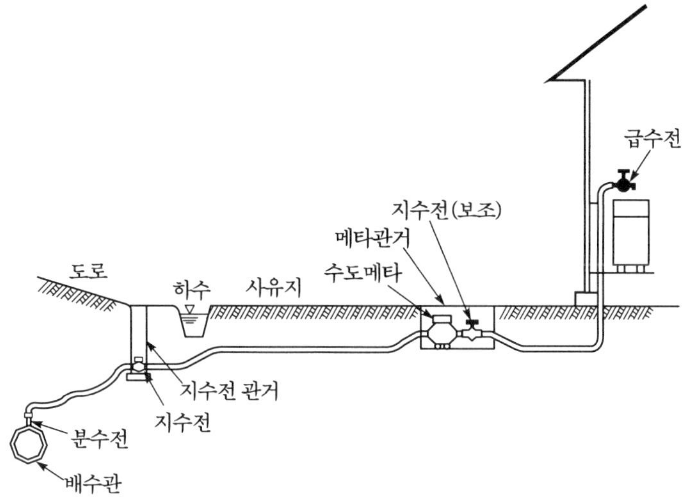

그림 7.9 표준 급수장치

7.7.3 급수방식

(1) 직결식 급수방식

① 배수관의 수압을 이용하여 급수하는 방식이다.

② 배수관의 관경과 수압이 급수장치의 소요압력에 대해 충분한 경우 적용하며 보통 2층 건물까지 가능하다.

(2) 탱크식(저수조식) 급수방식

① 고층건물은 직결식의 경우 수압이 낮아 불가능하므로 급수장치 중간에 낮은 위치 탱크, 높은 위치 탱크 또는 가압탱크를 설치해 물을 일단 여기에 저수했다가 급수하는 간접적 방법이다

② 탱크식 급수방식을 적용하는 경우는 다음과 같다.

㉮ 배수관의 수압이 소요수압에 비해 부족할 경우.

㉯ 일시에 많은 수량을 필요로 하는 경우.

㉰ 배수관의 압력변동에 관계없이 상시 일정한 수량과 압력을 필요로 하는 경우.

㉱ 급수관의 고장으로 단수 시에도 어느 정도의 급수를 지속시킬 필요가 있을 경우.

㉲ 배수관의 수압이 과대하여 급수장치에 고장을 일으킬 염려가 있는 경우.

㉳ 재해 시, 단수 시, 감수 시 물을 반드시 확보해야 할 경우.

(3) 병용식 급수방식

고층건물에서 2-3층은 직접 연결식으로 하고 그 이상의 층은 탱크식 급수를 행하는 방식이다.

7.8 정수

7.8.1 정수대상물질

정수(Water purification)의 목적은 물의 사용목적에 따라 요구되는 양질의 물을 얻는 것이다. 수질을 사용 목적에 적합하게 개선하는 것을 정수 또는 수처리(Water treatment)라고 한다. 그러나 원수(原水)가 사용 목적에 적합할 경우에는 정수과정을 생략 할 수 있다. 정수(淨水)대상 물질은 다음 5종류로 나눈다.

(1) 부유물질(Suspended Solid)

직경 10μm 이하의 입자로 탁도 유발, 침전, 약품침전, 여과 등의 방법으로 제거한다.

(2) 용해성 물질(Dissolved Solids)

이온, 콜로이드 등으로 탁도 및 색도를 유발하며, 약품침전(콜로이드)을 통해 불용성물질로 전환시켜 제거하며, 활성탄 흡착(이온)을 활용한다.

(3) 세균 · 미생물

병원성 미생물 등은 침전, 여과, 소독에 의해 제거한다.

(4) 맛, 냄새

일반적인 정수처리 공정으로 제거되지 않으므로 활성탄, 오존산화, 생물처리를 활용하여 처리한다.

(5) 색도

전염소 처리, 응집침전처리, 오존처리, 활성탄 처리를 활용한다.

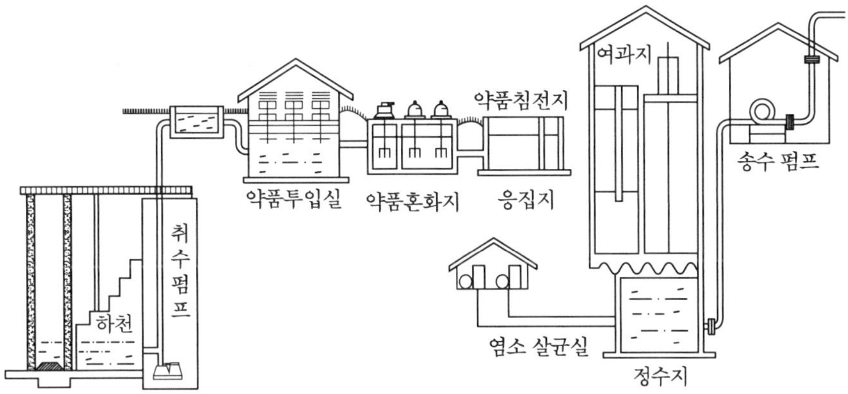

그림 7.10 일반적인 정수처리도

7.8.2 정수처리 주요과정

(1) 침전

물보다 무거운 수중고형물을 중력에 의해서 자연 침강시켜서 물로부터 분리하는 것을 말하는데, 즉 고체와 액체를 분리하는 공정이다. 침전이 목적은 다음과 같다.

① 현탁 원액의 고형물 농도가 적을 경우에는 고형물을 침강시켜서 상등액(위에 있는 맑은 물)을 취한다.

② 현탁 원액의 고형물 농도가 높을 경우에는 고형물을 침전 분리시켜서 함수량이 적고 농도가 짙은 고형물(sludge)을 취한다.

(2) 여과

약품침전지에서의 유출수 중의 부유물질을 모래와 같은 여재를 이용하여 거르거나, 흡착, 침전, 생물학적 분해 등에 의해 제거하는 공정이다.

여과를 위한 재료로는 모래, 무연탄, 규조토, 합성여재, 활성탄 등으로 불순물이 적어야 한다. 여과모래를 선정할 경우 고려사항은 다음과 같다.

① 유효입경
② 균등계수
③ 마멸률

(3) 고도의 정수처리

일반 정수처리 과정인 침전, 여과, 소독만으로 먹는물 수질기준을 만족시키지 못할 경우 제거대상이 되는 특수성분의 물질을 처리할 목적의 정수처리방법이며 그 방법은 다음과 같다.

① 오존(ozone, O_3) 살균법

고도의 정수처리 방법으로 여과수에 가하는 주입량은 2~3mg/l 이며, 오존(O_3)는 쉽게 분리되어 발생기 산소가 되며, 이 산소가 소독작용을 한다.

② 활성탄 흡착법

활성탄으로 흡착하는 방법으로 처리대상은 맛, 냄새, 색도, Phenol, 유기물, 합성세제인데, 철은 이 방법으로 제거가 불가능하다.

③ 자외선 소독법(UV)

자외선 소독은 석영유리로 된 수은전기 등에 직류 220V, 3.5A의 전류를 통해서 얻는 파장이 짧은 광선으로 물에 냄새, 맛이 발생하지 않고 다량으로 사용해도 문제가 없고 잔류독성도 생기지 않지만 소독이 성공적으로 이루어졌는지는 즉시 측정할 수 없는 단점이 있다.

표 7.4 오존살균법의 장점 및 단점

장 점	단 점
① 유기물질의 생분해성을 증가시킨다. ② 물에 염소와 같은 취미를 남기지 않는다. ③ 유기물 특유의 냄새·맛이 제거된다. ④ 철, 망간의 제거 능력이 크다. ⑤ 색도 제거 효과가 크다. ⑥ 페놀류 등을 제거하는데 효과적이다. ⑦ 자체의 높은 산화력으로 염소에 비하여 높은 살균력을 가지고 있다.	① 경제성이 없다. ② 소독효과의 잔류효과(지속성)가 없다. ③ 복잡한 오존(O3)처리 설비가 필요 하다. ④ 수온이 높아지면 오존 소비량이 많아진다. ⑤ 암모니아(NH_3)는 제거 불가능하다.

7.8.3 계획정수량

계획정수량은 계획 1일 최대급수량을 기준으로 하며 작업용수, 잡용용수, 기타 손실수량을 고려하여 계획 1일 최대급수량의 5~10%를 여유수량으로 추가한다.

7.8.4 정수장 입지계획 및 계통

정수장 입지계획 시 고려사항은 다음과 같다.

① 시설 전체의 배치와 높낮이를 고려, 경제적이고 관리하기 좋은 위치이어야 한다.
② 오염의 우려가 적은 위생적인 환경이어야 한다.
③ 침수피해 등 재해를 받을 우려가 적고 배수하기 좋은 환경이어야 한다.
④ 지형상이 좋고 향후 증설을 고려하여 충분한 면적의 용지가 확보되어야 한다.
⑤ 건설 및 유지관리상 유리한(경제성 및 용이성) 위치이어야 한다.
⑥ 정수시설의 위치는 배수시설의 높이보다 항상 높게 위치하고 있어야 한다.

한편, 정수처리 계통은 그림 7.11과 같다.

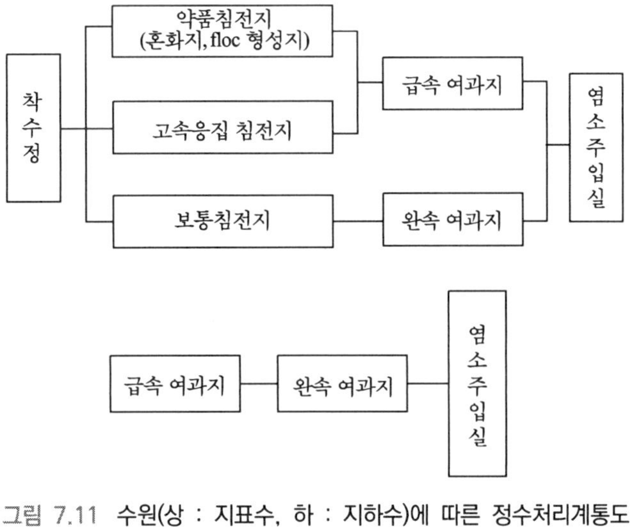

그림 7.11 수원(상 : 지표수, 하 : 지하수)에 따른 정수처리계통도

7.8.5 배출수 처리시설 및 계통

배출수 처리시설은 정수처리 과정에서 발생되는 슬러지를 적절하게 처리 및 처분하기 위한 시설이다. 즉, 정수장내 침전지, 여과지 등에서 배출되는 배출수(화학슬러지 포함)의 처리시설인데, 폐수 배출시설에 대한 수질환경보전법 시행규칙 5조(폐수배출시설), 제 8조(배출허용기준)에 준하여 설치한다.

정수장에서 배출되는 폐수(슬러지) 내의 유기물질(COD, 유기성폴리머), 응집물질, 침전슬러지, 여과지 역세척수 등에 대한 처리를 목적으로 한다.

한편, 배출수 처리시설 계통은 그림 7.12와 같고 이를 정리하면 다음과 같다.

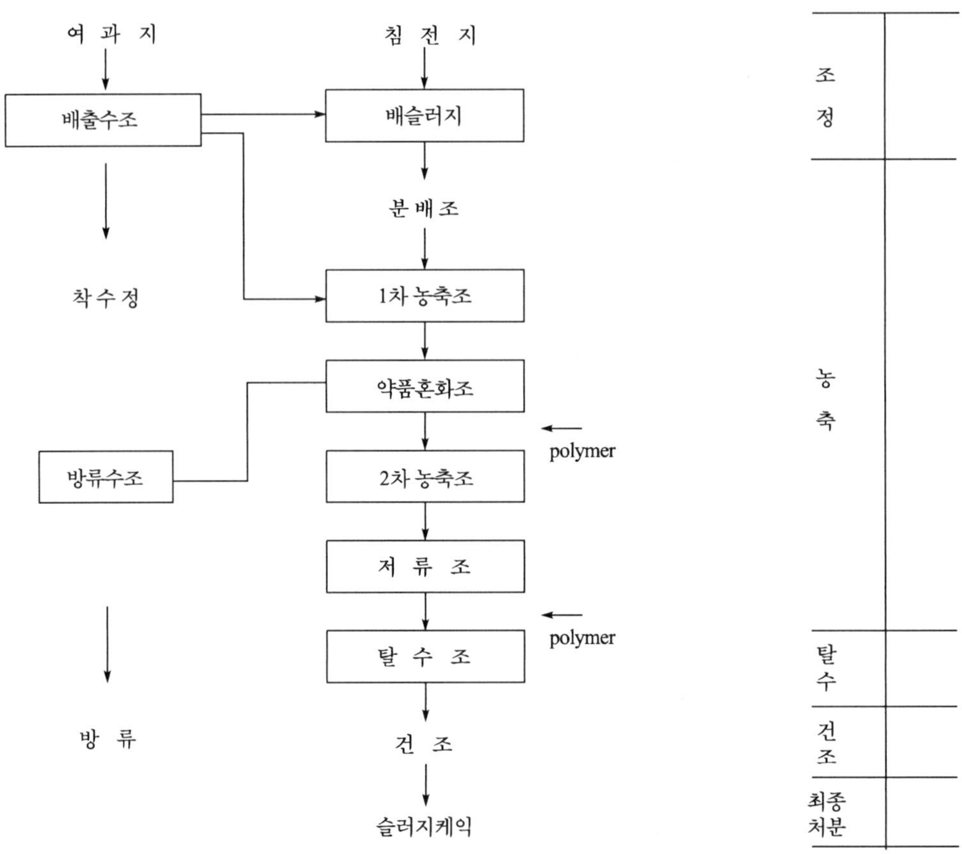

그림 7.12 정수처리 후의 배출수에 대한 처리시설 계통

(1) 조정시설

침전, 여과지 배출슬러지의 탈수성을 증대시키기 위한 조정시설로 여과지 및 침전 슬러지로부터의 세척 배출수와 침전 슬러지는 양과 질이 일정하지 않고 간헐적으로 배출되므로 이를 저류시켜 슬러지를 균등화시키는 시설이다.

(2) 농축시설

침전, 여과지 배출슬러지의 탈수성을 증대시키기 위한 농축시설로 배출수 농도를 높여 배출수의 부피를 감소시키기 위한 시설이다.

(3) 자연건조시설

자연건조시설로 천일건조상은 다음과 같은 사항을 고려한다.

① 면적 : 강수, 습도, 기온등 기상조건, 슬러지 부하방식 등 고려.
② 하부집수장치 : 지하수 오염방지.

건조시설 중 라군(Lagoon)은 침전슬러지를 직접 받아들여 탈수 가능한 정도까지 건조 1지당 용량을 1회 슬러지량 이상으로 하고 보통 2지 이상을 설치한다.

(4) 탈수시설

농축슬러지의 함수량을 감소시켜 체적을 줄이면서 운반 및 최종처분을 쉽게 하기 위한 시설이다.

(5) 최종처분

탈수완료 후에 발생한 케이크(찌꺼기)를 위생 매립(침출수 등에 의한 2차 오염방지 고려), 해양투기, 토지살포, 소각재 이용 등에 사용하는 것을 말한다.

되짚어보기

1. 상수도의 정의 및 목적을 설명하시오.
2. 상수도의 7당계 구성을 쓰고 각각을 간단하게 설명하시오.
3. 급수량을 구성하는 종류를 쓰고 간단하게 설명하시오.
4. 수원의 종류를 쓰고 각각에 대하여 설명하시오.
5. 해수의 담수화 기법을 쓰고 각각을 설명하시오.
6. 취수시설을 쓰고 각각을 간단하게 설명하시오.
7. 도수 및 송수 방식을 설명하시오.
8. 계획배수량 및 배수방식을 설명하시오.
9. 급수방식을 쓰고 설명하시오.
10. 정수대상물질을 쓰고 각각을 간단하게 설명하시오.
11. 고도정수처리 방법을 쓰고 각각을 간단하게 설명하시오.
12. 배출수 처리계통을 쓰고 각각을 간단하게 설명하시오.

제8장

사용한 물의 처리(하수도)

제8장 | 사용한 물의 처리(하수도)

8.1 하수도의 구성 및 계통

하수도시설은 오수(汚水) 및 우수(雨水)를 배제 또는 처리하기 위하여 설치되는 도관, 기타 공작물과 시설의 총체를 말하며, 농작물의 경작으로 인한 하수는 제외된다. 하수도의 설치목적은 다음과 같다.

① 도시의 오수 및 우수를 배제, 안전하게 처리하여 쾌적한 생활환경의 개선을 도모한다.
② 오수 및 탁수를 처리한다.
③ 하천의 수질이 오염되는 것으로부터 보호한다.
④ 우수의 신속한 배제로 침수에 의한 자연재해를 방지한다.

이러한 하수도시설을 설치한 효과는 다음과 같다.

① 보건(공중) 위생상의 효과가 있다..
② 하수도 시설의 규모 및 배치를 목적으로 하여 토지이용이 확대된다.
③ 하천의 수질보전 및 보호 효과가 있다.
④ 각종 분뇨처리를 해결한다.
⑤ 도시환경의 개선 및 쾌적한 생활환경유지한다.
⑥ 우수에 의한 침수 및 범람을 방지한다.
⑦ 하천복개에 따른 도로 이용율을 증가시킨다.

이와 같은 사유로 하수도를 설치하고자 할 경우 기본계획 시 조사사항은 다음과 같다.

① 하수도 계획구역 및 배수계통을 조사한다.
② 주요간선 펌프장 및 하수종말처리장의 위치 및 방식을 조사한다.
③ 하수의 배제방식을 조사한다.
④ 계획인구 및 포화 인구의 밀도를 조사한다.

⑤ 오폐수량, 지하수량 및 우수유출량을 조사한다.
⑥ 지형 및 지질을 조사한다.

하수도의 구성 및 하수시설의 계통을 정리하면 다음과 같으며 그림 8.1에 정리되었다.

(1) 집·배수시설 → 하수처리시설 → 방류 및 처분시설
(2) 가정 → 지선하수관거 → 연결하수관거 → 부간선 하수관거 → 간선하수관거 → 집수관거 (차집관거) → 종말하수관거 → 하수처리장

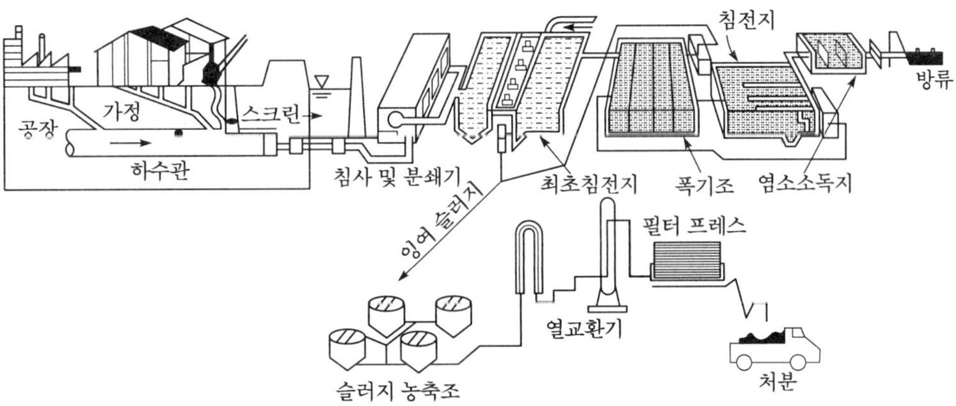

그림 8.1 하수도의 구성 및 처리시설의 계통도

8.2 하수의 배제

하수의 배제방식은 분류식과 합류식이 있으며, 하수도 시설의 계통 선정 시 우선적으로 결정해야 하는데, 시설지역의 특성과 방류수역의 여건 등을 고려하여 설계한다.

(1) 분류식(Seperate system)

오수와 우수를 별도로 설치하여 오수만을 처리장으로 이송하는 방식, 강우 시 오수가 방류되는 일이 없어 수계의 수질오염 방지에 효과적이다.

(2) 합류식(Combined system)

단일 관거로 오수와 우수를 한꺼번에 배제하는 방식으로 침수피해가 빈번한 지역에 효과적인 방법이다.

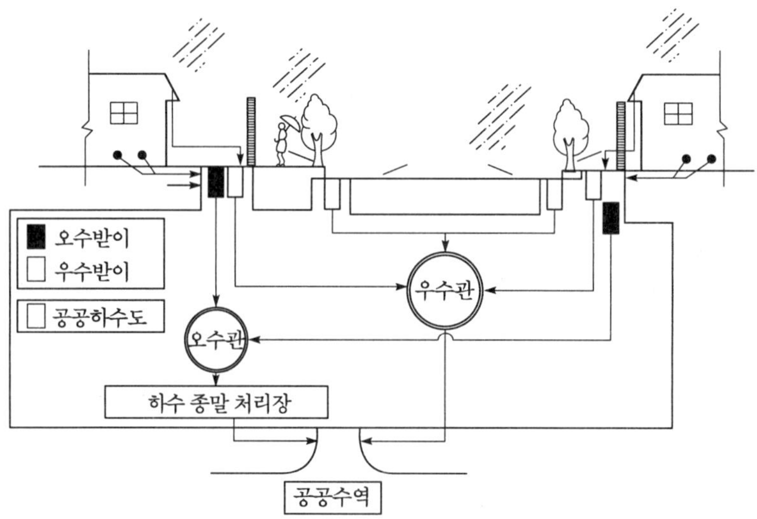

그림 8.2 분류식 배제방식

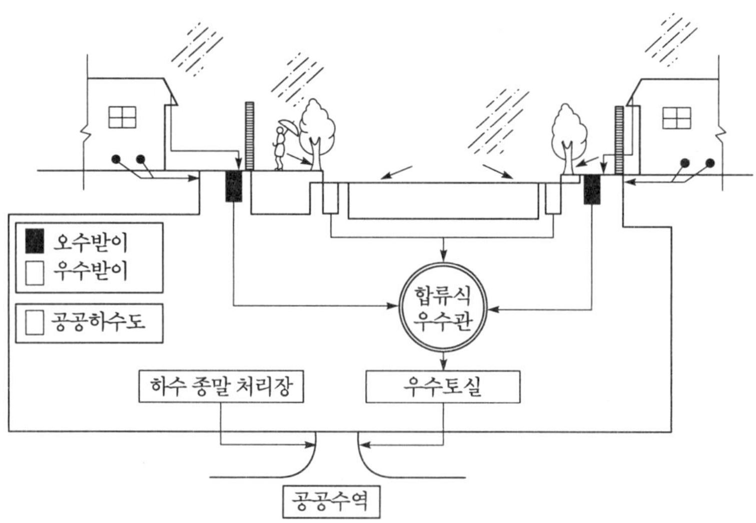

그림 8.3 합류식 배제방식

표 8.1 분류식과 합류식 하수관거의 장점 및 단점

구분	장 점	단 점
분류식	• 오수만을 처리하므로 오수 처리비용이 저렴하다. • 우수만을 처리하므로 우수 처리비용이 저렴하다. • 오수만을 하수처리장으로 보내어 완전 처리할 수 있다. • 강우시의 오수처리에 유리하다. 즉, 오수의 완전 처리가 가능하다. • 모든 오수를 처리할 수 있으므로 수질개선에 효과적이다. • 위생상 관점에서 분류식이 바람직하다. • 유량 및 유속의 변동 폭이 작다. • 처리장에 유입되는 하수량의 변화와 토사유입량이 적다. 그러므로 펌프용량의 변동도 작다.	• 관로의 직경이 작지만 관거의 오수관과 우수관을 별도로 설치하므로 공사비가 많이 든다. • 강우초기에 도로나 관로 내에 퇴적된 오염물질이 그대로 강으로 합류(월류)한다. • 우천 시 우수가 미처리되어 전부 공공수역에 방류되기 때문에 수질오탁의 문제가 발생한다. • 오수관거와 우수관거를 동일도로에 매설하지 않는데, 오접합의 우려가 많기 때문이다. • 관거오접에 대한 철저한 감시가 필요하다. • 처리장 유입하수의 부하농도가 늘어난다.
합류식	• 우수를 신속하게 배제하기 위해 지형에 적합한 관망으로 관거를 계획한다. • 전 우수량을 처리장으로 도달시켜 완전처리가 가능하다. • 강우초기의 오염된 우수의 처리가 가능하다. • 강우 시 수세효과를 기대할 수 있다. • 관거의 건설비용이 적게 든다. • 경제적인 관점에서 합리식이 유리하다 • 단면적이 크기 때문에 관의 검사에 편리하고 보수 및 청소 등에 유리하다. • 관거 단면이 크므로 경사가 완만하고 매설깊이가 작다.	• 우천시 일정한 유량 이상이 되면 오수의 월류현상이 발생한다. • 우천시 처리장으로 다량의 토사가 유입되어 침전지에 퇴적된다. • 강우시 비점원 오염물질을 하수 처리장에 유입시켜 이에 따른 대책이 필요하다. • 청천시 수위가 낮고 유속이 적어 오물이 침전하기 쉽다. • 평시에 퇴적량이 분류식에 비해 많다. • 오수량의 증가시 월류현상이 발생한다. • 하수관거 내의 유속의 변화폭이 크다. • 하수처리장에 유입하는 하수의 수질변동이 크다.

8.3 하수관의 배치방식

하수관거 배치방식 즉, 배수계통은 다음과 같다.

(1) 직각식

① 하수관거를 방류 수면에 직각으로 배치하는 방식으로 하천유량이 풍부할 때 하수배제가 가장 신속하며 경제적이다.

② 관거의 연장이 짧아지나 토구수가 많아서 시내 하천의 수질오염이 일어나기 쉽고 하천이 도시의 중심을 지나갈 때 적당한 방식이다.

③ 방류수면의 수위가 높은 곳, 간만의 차가 심한 곳에는 역류를 막기 위해 방수(防水) 또는 방조문(防潮門)을 설치해야 한다.

(2) 차집식

① 토구수가 많은 단점을 가진 직각식을 개량한 것으로 오염을 막기 위해 방류수면과 나란히 차집 관거를 설치해 오수를 수집한다, 평상시에는 하수처리장으로 유도 후 처리하여 강우 시 강우에 의해 희석되어 방류한다. 현재 우리나라에 많이 설치한 방식이다.

② 우수토실(雨水吐室)을 설치해 우수는 직접 방류하고 오수만을 하수처리장으로 유도한다.

(3) 선형식(선상식)

① 지형이 한쪽 방향으로 경사져서 하수관이 수지상(나뭇가지) 모양으로 배열된 곳에 활용되는 방식이다.

② 전 하수를 1개의 간선으로 모아 배제하므로 처리가 비교적 경제적이다.

③ 시가지 중심의 밀집지역에 하수 간선이나 펌프장 등이 집중된 대도시의 경우 부적당하다.

(4) 방사식

① 배수구역이 넓어서 한곳으로 배수하기 곤란한 곳 또는 시가지 중앙이 높고 주위를 향해 경사져 있는 경우에 적용된다.

② 도시 중심부에는 비교적 소구경관을, 중심부에서 멀어질수록 대구경관을 매설한다.

③ 대체로 관거 단면이 작아지고 연장도 짧게 되어 경제적이다.

④ 하수 방류수가 많아지고 펌프장이나 처리장의 수가 많아지는 결점도 있어 중·소 도시에서는 적용이 곤란하며 지역이 광대한 대도시에 적당하다.

(5) 평행식(평형식)

① 배수구역의 고저차가 심할 때 고부, 중부, 저부로 각각 독립된 배수계통을 만들어 배수한다.

② 각각의 독립된 간선을 형성한다.

③ 고지대와 저지대가 공존할 때 고지대는 자연 유하식으로, 저지대는 펌프배수 등의 적당한 방법으로 처리장까지 하수를 유입시키는 방법이다.

④ 광대한 대도시에 적합한 방법이다.

(6) 집중식

① 사방에서 1개소로 향해 집중 유하시켜 펌프로 양수하는 방법.

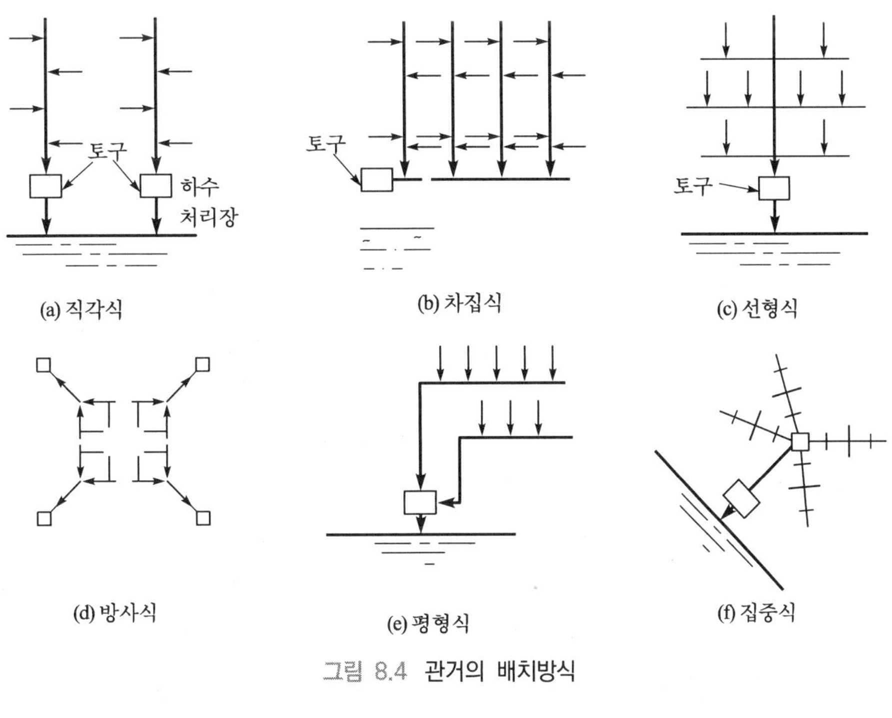

그림 8.4 관거의 배치방식

8.4 하수도 계획

하수도 계획의 절차는 그림 8.5와 같은데 먼저 하수도계획의 목표연도는 내용년수, 건설기간 등을 고려하여 원칙적으로 20년으로 하며 하천홍수위 영향을 받는 지역, 상수침수지역등은 이를 상향 조절할 수 있다.

계획인구는 계획 목표년도에서의 계획구역 내 발전상황을 예측하여 정하는데, 계획 총인구는 국토종합개발계획 및 도시계획 등에 의해 정해진 인구를 기초로 정한다. 단, 이와 같은 계획이 결정되지 않은 경우는 계획구역내의 행정구역 단위별로 과거의 인구증가 추세에 의해 계획 목표연도의 인구를 추정한다.

8.4.1 계획우수량

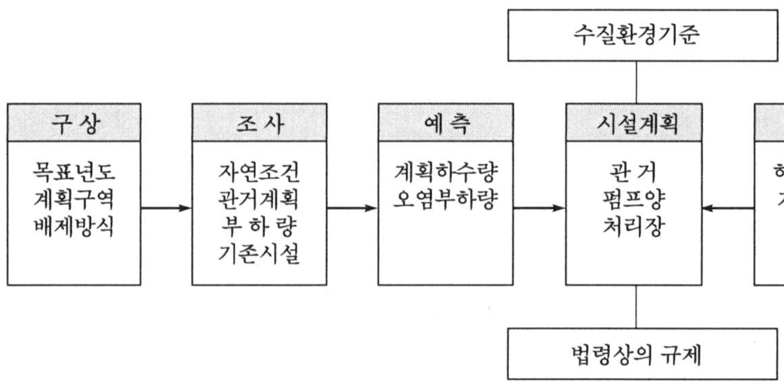

그림 8.5 하수도계획절차

계획 우수량 산정에는 합리식이 주로 사용되는데, 합리식은 유출계수, 강우강도(시간당 내린 강우량), 유역의 면적에 따라 우수 또는 홍수유출량이 산정된다. 여기에서 강우강도는 기상청자료 등을 활용하고 유역면적은 주로 시설의 설치지역의 측량결과로부터 제시되므로 실제 우수유출량은 유출계수에 많은 영향을 받게 된다.

이와 같이 최대 계획 우수유출량의 산정은 합리식과 경험식이 있지만 원칙적으로 합리식에 의하는 것으로 한다. 단, 충분한 실측자료에 의한 검토를 한 경우에는 경험식에 의해도 좋다. 우수유출량에 영향을 미치는 요인인 유출계수는 유역에 내린 전체 강우량에 대한 하수관거에 유입된 실제 우수유출량의 비율을 의미한다. 표 8.2와 표 8.3에는 지표면의 종류에 따른 유출계수와 개발되는 지역의 종류에 따른 유출계수가 정리되었다.

확률년수 또는 재현기간은 원칙적으로 10~20년으로 하되, 하천 홍수위 영향을 받는 지역이나 상습 침수지역 등은 상향 조절할 수 있다.

유달시간 또는 우수의 도달시간은 우수가 배수유역의 가장 먼 지점에서 유역의 최종출구까지 도달하는데 걸리는 시간으로 유입시간과 유하시간을 합한 것으로서 다음과 같이 정의한다.

① 유입시간은 우수가 배수유역의 가장 먼 지점에서 하수관거 입구까지 유입되는데 걸리는 시간을 말한다.

② 유하시간은 하수관거 내에 유입된 우수가 하수관거 내를 흘러 유역출구까지 유하하는데 걸리는 시간을 말한다.

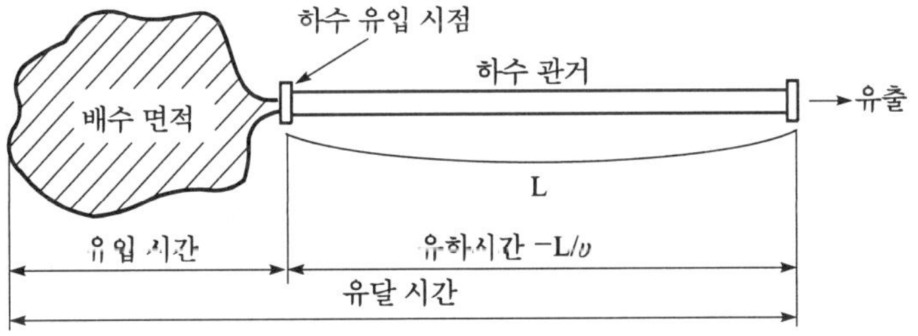

그림 8.6 유달시간의 산정

표 8.2 지표면의 종류에 따른 유출계수

지표면의 종류	유출계수
지 붕	0.70~0.95
콘크리트, 아스팔트 포장면	0.90~0.95
돌, 벽돌의 포장면(양호한 상태)	0.75~0.85
돌, 벽돌의 포장면(불량한 상태)	0.40~0.70
마카담식 노면 및 보도	0.25~0.60
자갈로된 노면 및 보도	0.15~0.30
비포장 가로면, 공지 등	0.10~0.30
공원, 잔디밭 정원, 목초지	0.05~0.20
산림 및 농경지	0.01~0.20

표 8.3 개발 및 적용되는 지역의 종류에 따른 유출계수

지구(역) 종류	유출계수
시중의 건물지구	0.7~0.9
주택지구	0.5~0.7
별로 조밀하지 않은 주택지구	0.25~0.5
공원, 광장	0.1~0.3
잔디밭, 정원, 목정, 전답	0.05~0.25
산 림 지 방	0.01~0.2

8.4.2 계획오수량

계획 오수량은 생활오수량(가정오수량 및 영업오수량), 공장폐수량 및 지하수량으로 구분하여 다음 사항을 고려하여 정한다.

(1) 생활오수량

생활오수량의 1인 1일 최대오수량은 계획목표년도에서 계획지역 내 상수도계획(또는 계획예정)상의 1인 1일 최대급수량을 고려하여 결정하며, 용수지역 별로 가정용 오수량과 영업용 오수량의 비율을 고려해야 한다.

(2) 공장 폐수량

공장폐수 및 지하수 등을 물을 사용하는 공장 및 사업소중 폐수량이 많은 업체에 대해서는 각각의 폐수량 조사를 기초로 하여 장래의 확장이나 신설을 고려하며, 그 밖의 업체에 대해서는 출하액 기준으로 용수량 또는 부지면적당 용수량을 기초로 결정한다.

(3) 지하수량

지하수량은 1인 1일 최대오수량의 10~20%내에서 결정한다.

(4) 계획 1일 최대오수량

① 1년을 통하여 가장 많은 오수가 유출되는 날의 오수량을 말한다,

② 하수처리 시설의 처리용량을 결정하는 기준이자 하수처리장의 설계기준이 되는 수량이다.

③ 계획 1일 최대오수량은 1인 1일 최대오수량에 계획인구를 곱한 후, 여기에 공장폐수량, 지하수량 및 기타 배수량을 더한 것으로 한다.

(5) 계획 1일 평균오수량

① 1년 동안 유출되는 총오수량으로부터 1일당의 평균값을 나타낸 것이다.
② 계획 1일 평균오수량은 계획 1일 최대오수량의 70~80%를 표준으로 한다.

(6) 계획 시간 최대오수량

① 오수관거의 계획하수량을 결정하거나, 오수펌프의 용량을 결정하는 기준이 된다.
② 계획 시간 최대오수량은 계획 1일 최대오수량의 1시간당 수량의 1.3(대도시)~1.8배(농촌)를 표준으로 한다.

(7) 합류식에서 우천 시 계획오수량은 원칙적으로 계획 시간 최대오수량의 3배 이상으로 한다.

8.5 계획하수량

하수량은 상수소비량과 같다는 가정으로 대도시의 경우 일반적으로 상수급수량의 70~80%를 계획 하수량으로 간주하는데, 대도시의 경우 하수도 계획에 있어서 1인 1일당 오수량은 180~250 ℓ로 한다. 이와 같이 계획하수량은 오수량과 우수량을 합하고 기타 잡용수를 고려하여 결정한다.

8.6 하수의 수질

오염물질의 배출허용기준 항목으로는 총 질소(TN), 총 인(TP), 색도가 있으며, 표 8.4에는 하수 처리장 방류수 수질기준을 제시하였다.

일반적으로 하수의 수질에서 문제가 되는 것은 질소와 인인데, 질소제거를 위한 과정을 정리하면 다음과 같다.

(1) 질산화(Nitrification)

표 8.4 하수 처리장 방류수 수질기준

구 분		BOD mg/l	COD mg/l	SS mg/l	TN mg/l	TP mg/l
하수 종말 처리장	기타지역	20 이하	30 이하	20 이하	60 이하	8 이하
	특별대책지역 및 잠실수중보권역	10 이하	40 이하	10 이하	20 이하	2 이하

질산화는 호기성 조건에서 발생되는데 단백질 형태의 유기물을 함유된 오수가 배출되면 자연에서 가수분해되어 아미노산(amino acid)으로 되고, 질산화균에 의해 암모니아성 질소(NH_3-N)에서 호기성 미생물인 nitrosomonas에 의해 아질산성 질소(NO_2-N)로 되며, 다시 nitrobacter에 의해 질산성 질소(NO_3-N)로 산화되는 과정을 말한다.

하천이 암모니아성 질소를 함유한 물질에 오염되면 질산화의 진행정도에 따라 오염발생 후 경과시간, 오염발생지점, 오염진행상태, 오염발생시기 등을 다음의 그림 8.7과 같은 과정을 추적하여 알아낼 수 있다.

단백질
➡ Amino acid
➡ 암모니아성 질소(NH_3-N)
➡ 아질산성 질소(NO_2^--N)
➡ 질산성 질소(NO_3^--N)

그림 8.7 질산화과정의 추정경로

한편, 탈질(산)화(denitrification)는 혐기성 조건에서 발생하는데, 생물학적 탈질산화 반응은 암모니아성 질소가 질산화균에 의하여 질산화 과정의 최종산물인 질산성 질소(NO_3-N)로 변화되고 이것은 다시 환원박테리아에 의해 탈질화균이 N_2 가스로 환원 분해하여 다시 대기중으로 되돌아가는 과정을 말하며, 최종침전지에서 슬러지 부상이 일어날 때 발생하고 하수내에서 질소(N_2)는 유기성 질소 화합물과 암모니아(**NH_3**)의 형태로 존재한다.

되짚어보기

1. 하수도시설의 정의를 설명하시오.
2. 하수도의 설치목적 및 설치효과를 설명하시오.
3. 하수도의 구성 및 계통을 설명하시오.
4. 하수의 배제방식을 쓰고 장점 및 단점을 설명하시오.
5. 하수관의 배치방식을 쓰고 설명하시오.
6. 계획우수량산정에서 유출계수를 설명하시오.
7. 유달(도달)시간을 설명하시오.
8. 계획오수량산정에서 고려할 사항을 쓰고 설명하시오.
9. 하수의 수질에서 질산화과정의 경로를 쓰시오.

제9장

물에 의한 재해

제9장 | 물에 의한 재해

9.1 집중호우

많은 양의 비가 짧은 시간에 좁은 지역에 집중되어 내리는 현상을 말한다. 집중호우라는 용어를 처음 사용한 것은 보도관련 기관이지만, 현재는 거의 기상용어로 정착되어 사용되고 있다. 집중호우에 대한 명확한 정의는 존재하지 않으나, 시간당 30mm 이상 또는 하루에 80mm 이상의 비가 내리는 경우나 하루에 연강수량의 10%에 해당하는 비가 내리는 경우를 일반적으로 집중호우로 정의한다.

집중호우가 계속되는 시간은 대개 수십 분에서 수 시간 정도이며, 보통 반경 10~20km 정도의 비교적 좁은 지역에 집중적으로 내린다. 뇌전을 동반하는 경우도 많으며, 태풍이나 장마전선, 강력한 저기압 또는 수렴대 등에 수반되어 나타나는 경우는 2~3일간 지속되기도 한다. 강한 상승기류로 인해 만들어지는 적란운(뇌운)에서 발생하는 경우가 대부분이며, 적란운의 형성은 장마전선이나 태풍, 저기압과 고기압 가장자리의 불안정에서 비롯된다.

적란운은 그 크기가 수평 방향으로 수~수십 km, 수직방향으로는 대류권의 최상부인 권계면(고도 10~15km)에 달한다. 적란운이 잘 발달된 경우 구름에 포함되어 있는 물의 양이 약 1,000~1,500만 톤 정도로 매우 많다. 집중호우는 대개 적란운이 한 곳에 정체하면서 비를 내리는 경우이다.

적란운의 수명은 1시간 정도로 매우 짧으나, 적절한 기상 조건이 존재하는 경우에는 생성과 소멸을 반복하며 며칠 동안 계속 나타나는 경우도 있다. 집중호우는 여러 종류의 피해를 동반하는 경우가 많은데, 특히 도시화로 인해 투수성 토양의 면적이 급격히 감소한 도시 지역 하천의 범람으로 인한 피해와 산악지대의 계류 범람으로 인한 등산객 인명사고, 산사태와 지반붕괴 등이 집주호우와 수반되어 자주 발생한다.

우리나라의 강우량은 그림 9.1과 같이 동아시아의 여름 몬순기간인 6, 7, 8월에 집중된다. 장마전선은 대체로 6월 중순부터 7월 중순사이에 중국의 양쯔강 유역, 한국, 일본에 호우를 발생시킨다. 이후 8월에는 남아있는 몬순전선의 영향으로 북태평양 고기압의 발달 상태와 북쪽의 기압계조건에 따라 장마기간과 유사하게 호우가 발생할 조건이 가지게 된다. 여기에 태풍의 직접 또는 간접적인 영향이 자주 발생하는 기간이므로 강우량의 시간적인 집중화로 하천의 유량이 매우 짧은 시간에 급격하게 증가하게 된다.

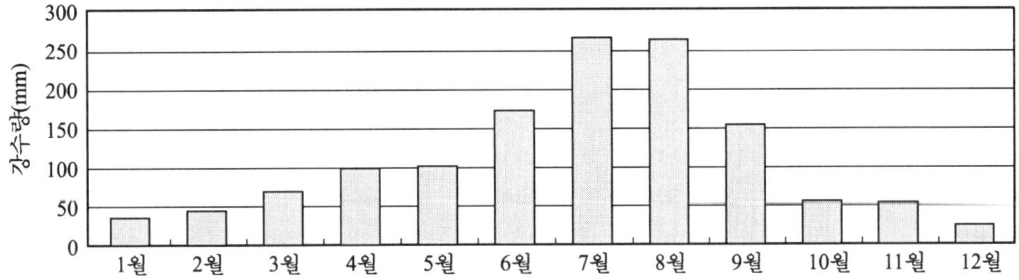

그림 9.1 우리나라의 30년 평균 월 강수량(1971~2000년, 기상청)

표 9.1에는 우리나라의 10년 평균 6, 7, 8월(하절기) 강수량을 정리하였는데, 최근 이상기후 등의 영향으로 점차 증가하고 있는 경향을 보인다.

표 9.1 우리나라 10년 단위 평균 6, 7, 8월(하절기) 강수량(이태영, 2006)

기간(년)	1976~1985	1986~1995	1996~2005
강수량(mm)	661	710	814

우리나라에서 관측된 1시간 동안의 최다강수량은 1988년 7월 31일에 기록된 전남 순천의 145mm이다. 지방별로 1일 최다강수량은, 2002년 8월 31일 태풍 루사의 접근 시 강원도 강릉지방의 870.5mm, 대관령지방의 712.5mm, 1981년 9월 2일 태풍 에그니스의 접근 시 전남 장흥지방의 547.4mm, 고흥지방의 487.1mm, 해남지방의 477.5mm, 완도지방의 414.3mm 등이다.

한편, 6시간의 강수량이 70mm 이상이 예상되거나 12시간의 강수량이 110mm 이상이 예상될 경우 호우주의보가 발령되며, 6시간 강수량이 110mm 이상으로 예상되거나 12시간 강수량이 180mm 이상으로 예상될 때에는 호우경보가 발령된다.

호우가 발생했을 때의 행동 요령은 지역에 따라 다음과 같다.

(1) 도시지역 : 낮은 지대 또는 상습적으로 침수되는 지역의 주민들은 대피를 준비한다. 신호등, 가로등, 전신주 등의 전기 관련 시설과 고압전선 주변에서 벗어나고, 누전, 방전 발견 시 신고한다. 낙뢰 시에는 낮은 지역이나 건물 내부로 대피한다.
(2) 농촌, 산간지역 : 주거지 근처에서 산사태나 범람 등을 점검하고 대피를 준비하며, 산간 계곡의 야영객은 즉각 대피한다. 농작물에 대해 보호 조치를 하고, 용수로, 배수로, 양수기, 수문 등 관련시설을 점검한다.
(3) 해안지역 : 해안가의 낮은 지대에서 벗어나고, 침수가 예상되는 건물의 지하 공간에서 대피한다.

9.2 홍수

9.2.1 홍수의 정의 및 원인

홍수는 집중호우 등으로 하천(해안가에서는 해일 등의 영향)이 범람하여 주변 지역에 피해를 입히는 자연재해로 정의할 수 있다. 홍수는 대체로 단기간의 집중호우나 장기간 지속되는 강수(전선성 강우, 장마기간 등)의 결과로 발생한다. 유럽의 경우에는 봄에 기온이 급격히 상승하여 겨울에 쌓였던 눈이 일시에 녹으면서 발생할 수도 있다. 우리나라의 경우 집중호우에서 설명된 바와 같이 여름 강수량이 연강수량의 약 2/3를 차지한다. 여름 강수량은 장마전선이 정체할 경우, 온대성 저기압이 다가올 경우 및 태풍이 내습할 때 증가하게 되는데, 피해가 큰 홍수는 대부분 태풍과 관련이 있으나, 1984년, 1990년, 1995년 중부지방 대홍수의 경우는 강우전선의 정체로부터 발생하였다. 이와 같이 홍수의 원인으로서는 눈이 많은 곳에서는 봄철의 기온 상승으로 인한 융설(融雪)에 의한 홍수, 몬순 지대에서는 고온다습한 기류가 유입되어 산맥에 부딪칠 때 국지적으로 내리는 집중호우로 인한 홍수, 태풍이나 발달된 저기압의 통로가 되는 곳에서는 이들이 통과할 때 내리는 호우로 인한 홍수, 중위도지방에서는 남쪽의 고온다습한 기단(氣團)과 북쪽의 냉습한 기단 사이에 형성되는 기압골(우리나라의 경우 장마전선)에 동반되는 홍수, 산간지대에서는 산사태로 하천이 막혀 발생하는 홍수 등 여러 가지를 들 수 있다.

9.2.2 홍수의 종류

홍수의 종류로는 하천홍수, 돌발홍수, 도시홍수, 해안홍수로 구분할 수 있다.

(1) 하천홍수(river flood)

하천홍수는 강으로부터 제방을 월류하거나 대하천의 수위상승으로 인한 지천인 중소하천의 배수불량으로 발생하게 된다. 우리나라에서는 일반적으로 장마기간이나 계절이 바뀌는 9월~10월경에 강우전선의 정체 또는 태풍과 함께 발생한다.

(2) 돌발홍수(flash flood)

최근 우리나라에서 자주 발생하는 홍수형태로 짧은 시간에 좁은 지역에 강우가 집중될 경우 하천의 제방을 월류하거나 지천에서의 역류로 발생하게 된다. 수로 산악지형에서 발생하는 경향을 보인다. 돌발홍수의 주요 인자로는 강우강도(시간당 내리는 비의 양)과 지속기간(비가 내리는 시간 분단위로 측정 및 자료가 제시됨)이 있으며, 지형, 토양의 조건, 지표면의 상태(포장, 비포장 등)도 중요한 역할을 한다.

한편, 댐의 붕괴도 돌발홍수를 발생시키는데, 돌발홍수의 경우 경계경보 및 대피할 시간 등이 매우 짧으므로 인명피해 및 재산피해의 정도가 커질 수 있으므로 우기 및 기상예보 시에는 항상 주의를 기울여야 한다.

(3) 도시홍수(urban flood)

일반적으로 도시화를 나타내는 정도는 도로의 포장율과 상하수도 인프라 보급률로 표현된다. 즉, 도로의 포장 및 건물 등으로 과거 투수성 지표면(초지, 나대지 등)이 불투수성으로 바뀌면서 발생하게 되는 홍수이다. 강우의 침투 및 차단 기능을 하던 기존의 초지, 숲 등의 역할이 사라짐과 동시에 강우가 하천 등으로의 유입시간이매우 짧아져서 기존의 하천 등은 그 용량을 초과하는 강우량을 맞이하게 되는 것이다. 이와 같은 사유로 하천 및 저지대에는 상습침수지역이 형성되기도 하는 등의 홍수피해를 입게 된다.

그림 9.2 도시홍수(자료 : 연합뉴스, 2014년)

(4) 해안홍수(coastal flood)

해안홍수는 해일과 같이 강한 해풍의 영향으로 인한 해안지역에서 발생하는 홍수이다. 태풍과 같이 열대성 저기압은 바다의 수위를 증가시켜 하천으로부터 유입되는 수위보다 높아지게 되므로 하천에서의 배수가 원활하게 되지 못하고, 여기에 강한 해풍은 이와 같은 배수불량을 더욱 심하게 하는 역할을 하게 되어 홍수가 발생한다.

9.2.3 우리나라의 홍수

홍수 때의 유수(流水)는 큰 파괴력을 가지고 있어 인명피해 및 재산피해를 발생시키는 반면, 나일강과 같이 유기물을 운반해 와서 비옥한 농경지를 만들어주는 이점도 있다. 홍수의 발생은 자연적 조건뿐만 아니라 하천관리 등의 인위적 조건에 의해서도 크게 좌우된다.

그림 9.3 **홍수로 인한 철로 유실**

우리나라의 홍수 발생 원인을 살펴보면 대체로 다음과 같다.

① 장마전선의 남북 진동과 이 전선을 지나가는 저기압으로 인한 홍수
② 여름철, 특히 7~9월 초 한반도에 영향을 주는 태풍
③ 중국 화베이 지방·양쯔강[揚子江]·동중국해 방면에서 이동해오는 저기압
④ 여름철의 남동계절풍과 과열로 인한 뇌우성(雷雨性) 집중호우 등

여름에 홍수가 자주 발생하는 지역으로는 낙동강 하류, 섬진강을 중심으로 하는 남해안, 한강 하류 및 안성천(安城川)을 중심으로 하는 서해안 중부지방 등을 들 수 있다. 홍수가 발생하면 농경지와 가옥이 침수되거나 유실되어 재산상의 피해는 물론 인명의 손실을 가져오기도 한다. 특히 피해 규모가 큰 지역은 낙동강과 한강 유역이다. 이는 서울·부산·대구 등을 비롯한 많은 도시가 있고, 주요 산업시설이 집중되어 있기 때문이다.

과거 우리나라의 홍수 기록을 살펴보면 『삼국사기(三國史記)』와 『고려사(高麗史)』 등에 대수(大水)·대우(大雨) 등으로 기록되어 있다. 조선시대 한양 부근의 홍수에 관해서는 『승정원일기(承政院日記)』·『조선왕조실록(朝鮮王朝實錄)』 등에 정종 이후 약 450년간의 기록이 남아 있다. 왕실에서 실시한 기우기청제사(祈雨祈晴祭祀)의 기록에도 한강 및 한양 내 수표(水標)의 척도가 게재되어 있다. 이들 자료를 정리하여 편찬한 『조선고대관측기록조사보고』에는 서울과 그 부근의 홍수가 모두 176회에 달하였다.

근래에 들어와서 대홍수가 발생한 대표적인 해는 1925년, 1948년, 1959년, 1969년, 1977년, 1984년, 1991년, 1995년 등이며, 이후로는 거의 매년 지역별로 홍수가 발생하고 있는 현황이다. 특히 을축년(乙丑年)홍수는 1925년 7월 중순부터 9월 중순까지 네 차례에 걸쳐 거의 전국의 하천을 범람시킨 대홍수였다. 1984년 홍수는 여러 면에서 역사적이었다. 당시 홍수를 가져온 원인은 시간당 50mm 내외의 폭우를 내린 전선형 강우대였다. 서울에서는 1일 최대 강우량이 298.4mm에 달하여 1904년 기상대 창설 이후 최고 기록을 나타냈고, 한강 인도교의 수위는 위험수위 10.5m를 훨씬 넘어 최고 11.03m를 기록하였다. 또한 속초의 경우 3일간에 약 650mm의 비가 내려 속초지방 월 최고 강수량인 602.7mm를 넘어서기도 하였다. 1984년의 호우는 전국에 걸쳐 약 232억 원의 재산 피해를 냈고, 그중에서도 서울의 피해가 가장 심하였다.

1981년 9월에 전라남도 장흥에서 1일 547.4mm와 1998년 7월에 순천에서 1시간당 145mm의 많은 비가 내려 최고 기록을 갱신하였다. 또한 강화에서 1998년 8월에 1일 481mm와 1시간당 123.5mm의 비가 내려 많은 재산과 인명 피해가 발생하였다.

9.2.4 홍수피해 저감대책

홍수예방을 위해서는 계획적인 임지(林地)나 초지(草地) 조성 등의 보다 항구적인 대책을 수립해야 한다. 숲의 조성 즉, 산림이나 풀로 지면을 덮으면 빗방울의 지면 타격력을 줄일 수 있기 때문에 지하로의 침투율이 증가하면서 지표유출수가 감소하고 지표유출수 중에 포함되는 토사함유량이 감소하게 되어 홍수예방에 큰 도움이 된다. 이외의 홍수대책으로는 홍수예보를 이용해서 응급조치를 취하는 응급대책 등을 들 수 있다.

이와 같이 홍수의 피해를 저감하기 위해서는 다음과 같은 여러 대책이 요구된다.

(1) 기상자료를 신속하고 정확하게 검토 및 분석하여 홍수의 규모 및 발생 시간을 예보함으로써 홍수 피해를 최소화한다.
(2) 하천 상류지역의 산림을 보호하고 육성하여 수원(水原)을 함양하고, 토양 보전 기능을 증대시킴으로써 수해를 경감시킨다. 산림은 강우의 유출을 지체시키고, 홍수량을 감소시키며 토사(土砂)의 유출도 방지하는 역할을 한다.
(3) 하천의 중·상류에 다목적댐을 건설하여 홍수를 조절함으로써 하류의 홍수량을 감소시킨다.

(4) 하류의 주요 지역을 보호하기 위해서는 하천을 개수(改修)하여 하도(河道)의 안정을 기한다.

이러한 홍수 예방 대책은 우리나라에서는 1970년대부터 활발하게 전개되어 왔다. 즉, 한강・낙동강・금강・영산강 등 4대강 유역의 개발과 함께 홍수 방지를 위하여 곡류하도(曲流河道)를 직선으로 개수하는 사업 등이 대표적인 예이다. 홍수는 자연 상태에서는 하천이 흘러넘칠 때 발생하지만, 근래에는 홍수를 예방하기 위하여 댐이나 인공제방을 쌓아 발생빈도가 줄고 있다.

9.3 태풍

9.3.1 태풍의 정의 및 경로

태풍은 중심 부근 최대풍속이 17m/secec 이상의 강한 폭풍우를 동반하는 열대성저기압을 말한다. 태풍은 발생 지역에 따라 다른 이름으로 불리는데 북서태평양에서 발생하는 것은 태풍(Typhoon), 북중미에서 발생하는 것은 허리케인(Hurricane), 인도양에서 발생하는 것은 사이클론(Cyclone), 남태평양에서 발생하는 것은 윌리윌리(Willy-Willy)라고 한다.

한편, 태풍은 해수면 온도가 27℃ 이상인 열대 해역(주로 필리핀 근해의 적도 해양)에서 일반적으로 발생하며, 수명은 발생부터 소멸까지 보통 1주일에서 10일 정도이다. 태풍은 일반적으로 발생 초기에는 서북서진 하지만, 점차 북상하여 편서풍을 타고 북동진하는 경로를 밟는다. 즉, 태풍은 발생 초기에 저위도에서 발생하여 천천히 서진한 후 소멸되는 것과 점차 북상하여 북위 20~30° 부근에서 진로를 북동쪽으로 전향(轉向)한 다음 빠른 속도로 진행하는 것이 있다. 겨울에서 봄철에 걸쳐서는 전자가, 여름에서 가을철에 걸쳐서는 북상해서 전향하는 것이 많아진다. 특히 주목할 것은 여름철의 태풍경로로, 8월 이후 북태평양고기압이 약화되거나 일본 남쪽 해상으로 치우치게 되면 한반도나 일본열도로 전향하는 경우가 많다.

그림 9.4 태풍(기상청 자료)

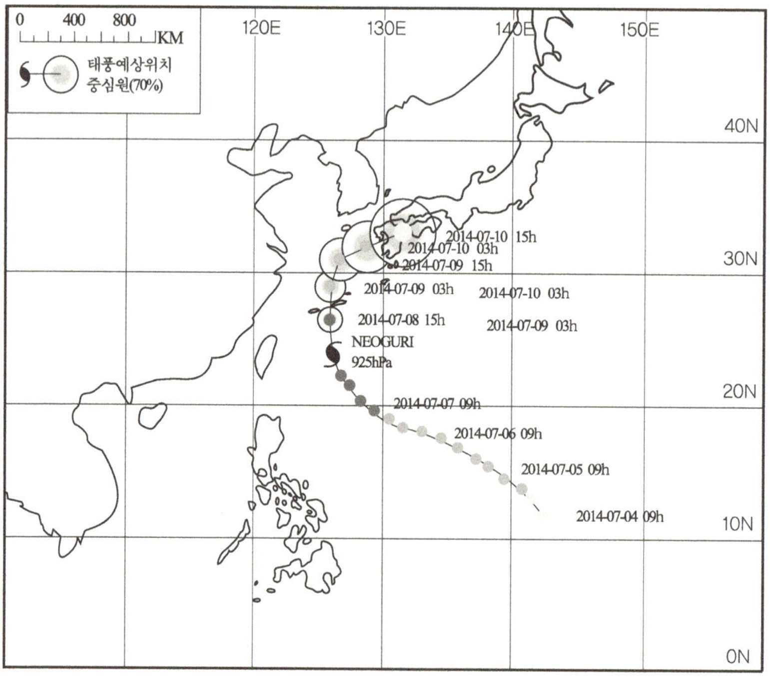

그림 9.5 태풍의 경로(태풍 "너구리", 2014년 7월, 기상청)

이와 같은 경로를 취하는 태풍은 우리나라에 폭풍우를 몰고 오는 것이 보통이다. 태풍의 진로는 포물선을 그리는 것이 정상이나 때로는 지그재그나 고리 형태 등의 이상 진로를 취하기도 한다. 어떠한 태풍도 중심을 자세히 추적하면 평균 경로도에서 보는 것과 같은 매끈한 경로를 따라 진행하지 않고 복잡한 경로를 나타내는 경우가 많다. 태풍이 육지를 횡단하는 경우에는 한쪽의 중심이 소멸되고 다른 쪽에 중심이 생겨서 그쪽으로 세력이 옮겨지는 경우도 있다. 태풍은 해수면온도가 낮은 지역까지 올라오면 그 세력이 약해진다. 육지에 상륙하면 더 많은 수증기를 공급받지 못하게 되고 지면 마찰 등의 영향이 더해져 빠른 속도로 약화되면서 그 생을 끝내게 된다.

9.3.2 태풍의 발생원인

태풍은 적도 부근이 극지방보다 태양열을 더 많이 받기 때문에 생기는 열적 불균형을 없애기 위해, 저위도 지방의 따뜻한 공기가 바다로부터 수증기를 공급받으면서 강한 바람과 많은 비를 동반하며 고위도로 이동하는 기상 현상 중의 하나이다.

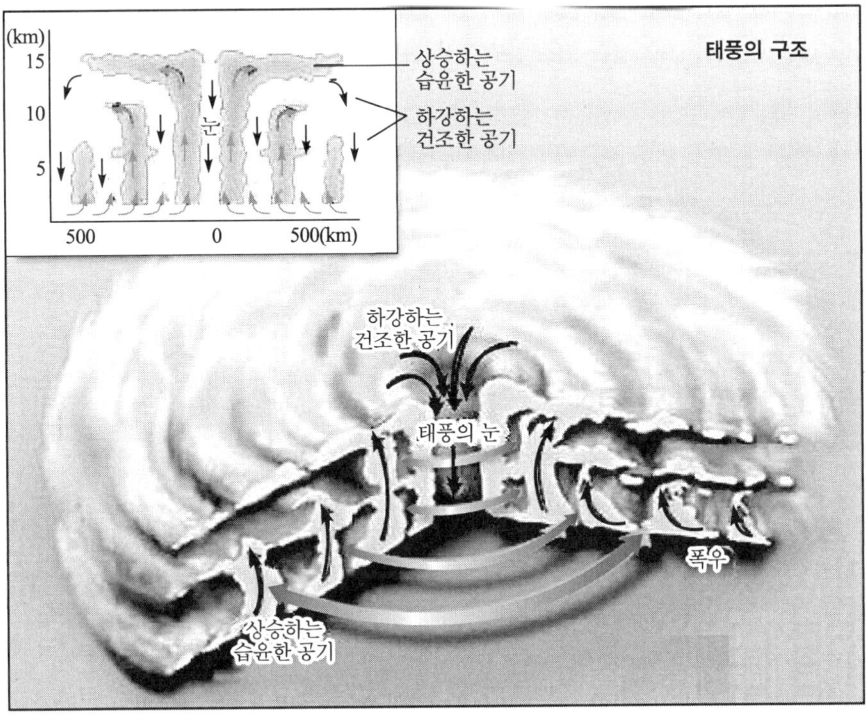

그림 9.6 태풍의 구조(자료출처 : 두피디아 encyber.com)

적도 인근 해상의 공기는 고온다습하고 불안정하므로 기압이 주변보다 약한 곳이 생기면 인근의 공기가 몰려들어 상승하면서 크기와 규모가 작은 소용돌이를 이루며 적란운이 형성된다. 경우에 따라서는 적란운이 갑작스러운 비를 뿌리는 스콜(squall)이 발생한다. 이 같은 소용돌이가 북동무역풍의 영향으로 한 곳에 모여 세력이 커지면 태풍의 씨앗이 된다.

일단 태풍의 씨앗이 생기면 상승기류로 발생한 적란운이 비를 내리면서 많은 열을 방출하고 이 열은 상승기류를 다시 강화시키는 역할을 한다. 이 같은 과정이 여러 번 반복되면서 세력이 강해지고 마침내 태풍이 된다.

지름이 5~20km인 태풍의 눈에서는 바람이 약하고 구름이 거의 없다. 눈을 벗어나면 바람이 외곽에서 중심을 향해 반시계 방향으로 강하게 분다. 즉, 태풍 자체가 시계 반대 방향으로 태풍 중심을 향해 불고 있는 강한 비바람 덩어리이다. 이것이 태풍의 진행 방향 오른쪽이 태풍의 영향을 더욱 강하게 받는 원인이다.

태풍의 진행방향 오른쪽에서는 앞쪽에서 맞부딪치는 바람과 태풍의 시계 반대방향으로 부는 바람이 서로 정면으로 맞부딪쳐 강한 소용돌이를 일으킨다. 기상 전문가들은 이러한 태풍의 특성에 따라 태풍 진행방향의 오른쪽을 '위험반원', 태풍의 왼쪽 방향을 '가항반원'으로 부른다.

한편, 태풍이 접근해 오면 기압은 하강하고, 점차 바람이 불기 시작한다. 구름은 처음에 높은 구름인 권운, 권층운, 다음은 중층운인 고층운, 고적운, 그리고 거대한 적운 순으로 나타난다.

9.3.3 태풍의 규모

태풍, 허리케인, 사이클론 등은 연간 평균 80개 정도가 발생하는데 이 중 태풍은 연평균 27개가 생겨난다. 우리나라에 영향을 미치는 태풍은 7~10월 사이에 많이 발생하며, 주로 동경 130도~145도, 북위 5~20도 사이에서 생성된다.

이와 같은 열대성저기압의 특징은 등압선이 원형이고, 전선을 동반하지 않으며, 에너지가 주로 수증기의 숨은열로 있기 때문에 열대의 해양에서 발생 및 발달하고, 중심부에 태풍의 눈이 있으며, 중심 부근에서는 특히 바람이 매우 세다. 태풍 중심 근처의 풍속은 초당 17m를 넘고 때에 따라 초당 33m를 넘는 경우도 있다.

태풍의 규모기준은 세계기상기구(WMO)에서 제시하는 것을 참고로 열대저기압 중에서 중심 부근의 최대 풍속이 33m/sec 이상인 것을 태풍(TY), 25~32m/sec인 것을 강한 열대

폭풍(STS), 17~24m/sec인 것을 열대폭풍(TS), 그리고 17m/sec 미만인 것을 열대저압부(TD)로 구분한다. 우리나라와 일본에서도 태풍을 이와 같이 구분하지만, 일반적으로 최대풍속이 17m/sec 이상인 열대저기압 모두를 태풍이라고 부른다.

표 9.2에는 태풍의 강도를 풍속(최대풍속, 10분평균)에 따라 분류하였고, 표 9.3에는 태풍의 크기를 태풍의 중심으로부터 15m/secec의 바람이 부는 곳까지의 거리인 강풍반경을 기준으로 단계별로 구분한다.

표 9.2 **태풍의 강도분류**

구분	최대 풍속
약	17m/sec(34knots) 이상 ~ 25m/sec(48knots) 미만
중	25m/sec(48knots) 이상 ~ 33m/sec(64knots) 미만
강	33m/sec(64knots) 이상 ~ 44m/sec(85knots) 미만
매우 강	44m/sec(85knots) 이상

표 9.3 **태풍의 크기 분류**

구분	풍속 15m/secec 이상의 반경(km)
소형	300km 미만
중형	300km 이상 ~ 500km 미만
대형	500km 이상 ~ 800km 미만
초대형	800km 이상

우리나라에 대형 피해를 입힌 역대 태풍을 살펴보면 처서 즈음인 8월 하순부터 9월 사이에 가장 많았다. 역대 재산 피해 1~5위 중 4개가 모두 이 시기에 발생했다. 1위 루사(2002년 8월 30일~9월 1일, 피해액 5조1479억원)와 2위 매미(2003년 9월 12~13일, 피해액 4조2225억원)가 그렇고, 4위 볼라벤과 덴빈(2012년 8월 25~30일, 피해액 6365억원)도 그렇다. 5위 재니스(1995년 8월 19~30일, 피해액 4563억원)도 이 시기에 발생했다.

큰 태풍이 이 시기에 많이 발생하는 것은 북태평양 해수 온도가 가장 높은 때이기 때문이다. 해수 온도가 높을수록 에너지 공급량이 많아져 강한 태풍으로 발달하게 된다. 가을 태풍은 여름 태풍과 달리 내륙으로 향하면서 차가운 기단을 만나 강풍과 함께 엄청난 비를 뿌리는 경우가 많다.

그림 9.7 태풍으로 인한 피해

태풍은 자연재해 중 가장 강력하고 파괴적인 기상현상이다. 태풍 한 개의 위력이 나가사키 원자폭탄의 약 1만 배에 해당할 정도이다. 강풍, 집중호우, 해일 등을 수반해 막대한 재산과 인명 피해를 가져다준다. 2002년 태풍 루사는 단 이틀 만에 국가 R&D 예산 총액을 상회하는 5조1479억원 상당의 천문학적 재산 피해를 입혔다.

그림 9.8 태풍 차바(2017년 10월)로 인한 울산지역 피해사례

9.3.4 태풍의 순기능

태풍은 때로는 순기능의 역할을 한다. 태풍은 강한 바람과 많은 비를 포함하기 때문에 엄청난 피해를 입힌다. 그러나 태풍은 중요한 수자원의 공급원으로 물 부족 현상을 해소하기도 하며, 저위도 지방에서 축적된 대기 중의 에너지를 고위도 지방으로 운반하여 지구상 남북의 온도 균형을 유지시켜 주고, 해수를 뒤섞어 순환시킴으로써 플랑크톤을 용승 분해시켜 바다 생태계를 활성화시키는 순기능 역할도 한다.

9.4 자연재해 극복을 위한 시설

현대 도시는 시간의 흐름과 더불어 고도화되고 복잡해 지고 있다. 도시의 팽창과 토지의 고밀도 이용으로 도시내 인구가 밀집되고, 인공구조물이 수평적, 수직적으로 중첩됨에 따라 도시지역의 재해가 복합재난으로 발전할 가능성이 높아지고 있다. 대규모적인 자연환경의 개조로 인한 국지성 호우, 저지대 또는 급경사지의 도시개발, 지표면 포장에 의한 우수 유출속도의 변화, 침수 수위 이하의 시하공간개발 등으로 도시지역의 재해취약성은 증폭되고 있으며, 지금까지의 전통적인 재해취약공간만이 아니라 새로운 도시공간들이 재해취약지역으로 편입되고 있는 실정이다. 고층건축물 지하층의 침수는 기계설비나 전기설비의 피해를 유발하여 침수에 따른 1차적 피해뿐만 아니라 2차적 재해피해로 확대될 수 있으며, 이와 같이 지하공간이나 초고층건물, 신매립지, 급경사지 등의 새로운 토지이용확대로 인해 도시지역은 자연과의 전면적인 전투지역으로 변모하고 있다.

최근 게릴라성 집중호우로 인해 많은 사람들이 생명을 잃고 재산을 물에 떠내려갔다. 이 기간 중 모든 언론이 이러한 재난을 다시 반복하지 않기 위해서는 방재투자가 확대되어야 하며, 방재 행정분야에 기술전문가들의 수가 늘어나야 하며, 제도개선이 시급하다고 의견이 제시되었다. 도시지역 풍수재해 대책의 계획체계와 내용은 언론에서 주장하는 대로 방재투자를 확대하며, 방재 행정분야를 정비하여 재해발생을 사전에 예방하자는 것을 주요 내용으로 하고 있으며 다음의 방법들도 많은 전문가가 제시하는 사항이다.

(1) 다목적 댐, 저수지의 건설

저수지나 댐은 많은 양의 물을 저장할 수 있는 시설로서 홍수 조절 및 가뭄이 들 때 필요한 용수를 공급해 주는 역할을 한다. 댐은 홍수가 날 때 급격히 유입하는 홍수량을 일단 차단하여 지체시킨 후 하류로 방류하므로, 하류의 최고 유량 및 수위를 조절할 수 있어 수해를 저감시킬 수 있다.

(2) 제방 등 하천의 정비 및 개수

제방은 홍수로부터 인명과 재산을 보호해 주는 중요한 시설이다. 자연 상태의 하천은 물길 및 물 흐름의 변화가 불규칙하고, 곳곳에 습지와 퇴사로 인하여 물의 흐름이 방해를 받는다. 물길과 물의 흐름을 방해하는 것을 정비하여 홍수 시 하천의 물이 잘 빠지고 물의 흐름이 잘 이루어지도록 즉, 원활한 배수를 위하여 흐름에 방해가 되는 시설 등을 제거하는 등 정비해야 한다.

(3) 나무심기

우리나라는 국토의 약 2/3가 산지로 구성되어 있다. 산지에서의 숲은 홍수 때 상당량의 물을 흡수, 차단 또는 지체시키거나 토양으로 침투시켜, 하류로 흐르는 물의 양의 급한 증가를 막아 주어 피해를 저감시켜 준다. 또한, 나무 등의 엉클어진 뿌리와 지표에 쌓인 낙엽은 토사의 침식, 산사태 등을 방지해 주는 중요한 역할을 한다.

(4) 관개 시설의 정비

논에 물을 대기 위한 농업용수의 수로에 쓰레기나 흙이 모여 막히거나 물길이 좁아지면, 물이 논밭으로 넘쳐 피해를 준다. 농수로를 정비하여, 물이 논밭으로 넘쳐 들어가 농작물이 물에 잠기지 않도록 해야 한다.

(5) 방파제 및 방조제 건설

항만 시설을 보호하고 배가 안전하게 정박 및 접안할 수 있도록 하기 위하여 파도가 항만 내에 직접 쳐들어오지 못하게 막은 둑을 방파제라 하며, 아산만 방조제처럼 밀물과 썰물의 조류를 차단하여 간척 등을 위해 만든 큰 둑을 방조제라 한다.

(6) 사방 공사

산지에서 토사로부터 안전을 위한 시설을 사방시설(사방댐, 토사방지시설)이라 한다. 산이나 도로를 새로 설치하기 위하여 산기슭이나 언덕을 절토한 지역은 산사태가 발생하기 쉬운 곳이다. 산의 흙과 모래가 흘러내리거나 산사태가 나는 것을 막기 위해서는 뿌리가 강한 나무를 심거나 돌쌓기 공사를 해야 하는 방법과 사방댐 및 간이 사방시설을 설치한다.

(7) 신속하고 정확한 일기 예보의 필요성

기상청에서 정확한 기상을 관측하여, 그 결과를 라디오나 TV등 의 매체를 통하여 국민들에게 신속하게 알려 줌으로써 해안가에서는 배를 안전한 곳으로 옮기거나 농촌에서는 농작물에 비닐을 씌우거나 하여 피해를 줄이고, 사람과 가축이 안전한 곳으로 대피할 수 있게 해야 한다. 또한, 철도, 도로의 운행 및 비행기의 이착륙에도 큰 도움을 줄 수 있다.

(8) 자연재해를 대비한 도시 건설

도시에서 상습침수지역인 해마다 자주 물이 넘쳐드는 곳이나, 해안가에서 해일이 일어날 가능성이 있는 곳, 산악지형에서는 산사태가 나기 쉬운 지역 등에는 가능한주거 등의 시설 설치를 지양해야한다. 또한, 대하천 옆에 아파트 단지나 도시를 건설할 때에는 강물이 넘칠 염려가 있는지 정량적인 검토를 충분하게 한 후에 저감대책을 수립하여 건설해야 한다.

(9) 하수도(우수관, 배수로) 청소 및 정비

도시에서는 비가 갑자기 많이 내릴 때 하수도(우수관, 배수로)가 막혀 있으면 빗물이 빠져 나가지 못하고 역류하여 넘쳐 주거시설 및 상업시설 등에 침수피해를 발생시킨다. 그러므로, 우기가 되기 전에 물이 잘 빠지도록 즉 원활한 배수를 위하여우수를 통과시키는 하수도의 청소 및 정비가 매우 중요하다.

(10) 유수지와 배수 펌프장의 점검 및 보수

유수지는 집중호우 등으로부터 거세진 유수를 어느 정도 멈추게 하였다가 흐르게 하여 유수의 힘을 저감시키기 위한 시설이다. 배수 펌프장은 우수가 모이게 되는 저지대에서 펌프를 가동하여 높은 지역 또는 하천으로 강제 배수하는 시설이다. 이러한 시설은 우기 이전에 펌프 등의 기계가 잘 작동하는지 미리 점검하는 일이 중요하다.

(11) 신중한 지하수 개발의 필요성

강우 시 지하로 침투한 빗물은 지하수대를 형성하여 지하에 모여 있거나, 하천, 호수 및 바다로 매우 긴 시간에 걸쳐 유출된다. 지하수는 가뭄 시 우물을 개발하여 직접 사용할 수 있으므로 가뭄에 대비하도록 하는 것이 보호 하는 것도 중요한다. 지하수의 유출시간이 매우 길다는 의미는 특히, 지하수 오염 방지에 노력할 필요가 있다는 것을 의미한다.

(12) 인공 강우 등의 연구 및 개발

강수의 부족에 대한 대응책을 과거에는 하늘이 노했다고 생각하는 등이었고 그 대책으로 기우제를 지내 왔으나, 현대 과학은 강수 과정의 과학적 이해에 따라 인공 강우를 시도하고 있다. 지역에 따라 성공하거나 실패를 하여 실용화 단계에는 이르지 못했다고는 하지만, 계속 연구 및 도움이 되는 개발을 하는 것이 중요하다.

되짚어보기

1. 집중호우의 정의를 쓰시오.
2. 홍수의 정의 및 원인을 설명하시오.
3. 홍수의 종류를 쓰고 설명하시오.
4. 홍수피해를 저감시키기 위한 대책을 설명하시오.
5. 태풍의 정의를 설명하시오.
6. 태풍의 발생원인을 설명하시오.
7. 태풍의 강도 및 크기를 분류하시오.
8. 태풍의 순기능을 설명하시오.
9. 자연재해 극복을 위한 시설을 쓰고 설명하시오.

인용 및 참고문헌

1. 건설기술연구소, 수문관측소 색인집, 1994.
2. 건설부, 하천시설 기준, 1993.
3. 건설부 한국의 댐 1973.
4. 권순국 외 11인, 사람과 물, 서울대학교 출판부, 2008.
5. 김명철, 천승필, 이종국, 하천생태계와 담수무척추동물 2013.
6. 김의원 한국국토개발사연구 대학도서 1982.
7. 노섭, 수리시설 및 수리실험, 도서출판 청호, 2003.
8. 두산백과.
9. 대한토목학회 한국 토목사, 1973.
10. 문영일 외 3인 공역 수문학 이론 및 응용, Hydrology in Practice, 사이텍 미디어, 1998.
11. 물 백과사전.
12. 백창식 외4인 공저, 수리실험, 구미서관, 2002.
13. 선우 중호, 수문학, 동명사, 1985.
14. 손명원 한국의 자연지리 2012.
15. 송재우, 수리학, 구미서관, 1998.
16. 수자원 공사, 소하천 시설기준, 1995.
17. 시사경제스케치.
18. 연규방 외 2인 수문학, 구미서관, 1997.
19. 윤용남, 공업수문학, 청문각, 1991.
20. 이삼노, 박성천, 물과 현대생활, 구미서관, 2002.
21. 이상도, 노 섭, 상하수도공학, 한솔아카데미, 2017.
22. 이원환, 수문학, 문운당, 1998.
23. 천재학습백과.
24. 최영박 외 3인 공역, 수문학(Introduction to Hydrology), 문운당, 1994.
25. 한국수자원개발공사 한국의 물 자원, 1970.
26. 한국조경신문.
27. 한국학 중앙연구원 한국민족문화 대백과.
28. 한국향토문화 전자대전.

29. 한림학사 물의 이용, 2007.

30. Chow, V.T.(Ed), Handbook of Applied Hyerology, McGraw-Hill, NewYork, N.Y, 1964.

31. Linsley, R.K, Kohler, M.A. and Paulhus, J.L.H, Hydrology for Engineers, 3rd. Ed, McGraw-Hill, New York, N.Y, 1982.

32. Raudkivi, A.J, Hydrology, Pergamon Press, New York, N.Y, 1979.

33. Viessman, W, Knapp, J.W, Lewis, G.L, and Harbaugh, T.E, Introduction to Hydrology, 2nd Ed, IEP, A Eun-Donnelley Publisher, New York, N. Y, 1977.

34. Wilson, E.M, Engineering Hydrology, 2nd Ed, Macmillan, London, 1974.

노 섭 (박사) 홍익대학교 (토목공학/수자원공학)

(석사) 홍익대학교 (토목공학/수자원공학)

(학사) 홍익대학교 (토목공학)

· 경력 (현재) 여주대학교 건축·토목과 정교수

- 국민안전처 정책자문위원(재난관리)
- 국민안전처 풍수해(자연재해) 저감종합계획 심의위원
- 국민안전처 중앙/지방 재해영향성검토 심의위원
- 국민안전처 재해복구 사전심의위원
- 국민안전처 2017, 2018, 2019 지방자치단체 재난관리평가위원
- 국민안전처 2017, 2018 안전한국훈련 컨설팅 및 평가위원/지역안전도 평가위원
- 제주, 경기도, 양평 (소)하천관리위원
- 경기도 댐/저수지 안전관리위원, 소하천관리위원
- 한국수자원공사 기술/설계심의위원
- 한국수자원공사 한강물관리센터 관리위원
- KOICA 기술심의위원
- 경기경찰청 재해재난분야 외래강사
- 전국 법원전문심리위원(수자원 분야)
- 여주지청 검찰위원회
- 여주 도시계획위원
- 여주 상수도 자문회의 위원장
- 여주 하수처리장 용역 및 기술평가위원
- 한강수질모니터링단/수자원공사/환경부

(※상기 국민안전처는 2017년 08월 행정안전부로 통합)

· 학회/역임
- 대한토목학회 정(평생)회원
- 한국수자원학회 정(평생)회원
- 한국방재학회 정(평생)회원/기획위원
- 한국방재협회 정(평생)회원
- 한국방재협회 신기술평가위원
- 재해경감협회 심의위원/반장
- 前 민주평화통일 자문위원
- 한국방재안전학회 정(평생)회원/이사(現)

· 표창
- 한국방재학회 회장 표창(2005. 03.)
- 대통령표창(재해대책분야, 2006. 05.)
- 안전행정부장관 표창(사전재해검토분야, 2013. 12.)

· 저서
- 수리학, 응용수문학, 상하수도공학, 재난관리론 등 14편

인류의 생활과 물 **정가 13,000원**

저자 : 노섭

발행인 : 임해진
발행처 : 도서출판 구미서관

인쇄 : 2019년 11월 23일
발행 : 2019년 11월 30일

등록 : 1979년 6월 29일 No.9-6호
주소 : 서울시 마포구 신촌로 2길 5-15 구미빌딩
전화 : 02-333-1101
팩스 : 02-335-2201
http://www.goomibook.com

ISBN 979-11-6257-092-0 (93530)
